中公文庫

日本企業　ＣＥＯの覚悟

安藤宏基

中央公論新社

はじめに

二〇二〇年の東京オリンピック・イヤーに〝時価総額一兆円企業〟になる。

日清食品ホールディングスが二〇一六年から始まった五か年中期経営計画に掲げた経営目標である。時価総額一兆円は単なる数値目標ではない。世界市場でグローバル・カンパニーの評価を勝ち取るための象徴的なコンセプト・ワードなのである。多くの提案の中から「いっちょう、やりますか！」という社内用のスローガンを決定した。そんな脳天気なスローガンでいいのかと思ったが、「困難に挑戦し、苦しい時ほど仕事を楽しむ」というわが社のポジティブな社風にふさわしいので採用した。「仕事を戯れ化せよ」という安藤百福《ももふく》の創業者精神は健在である。

時価総額とは株価×発行済株式数で計算する。一般的には、企業の値打ち、値段を表すと言われている。株価に連動した数値である。会社の努力でいくら売上や利益を上げても、投資家の評価が伴わなければ株価は上がらないし、時価総額も大きくならない。最後は株式市場に依存するため、「他力本願ではないか」と言われても仕方がない。だから私の知る限り、時価総額を正面切って経営計画の目標とした会社はなかったと思う。

私はあえて時価総額にこだわる。今は売上という事業規模を求める時代ではない。企業価値を測る指標は収益性にシフトしている。利益こそが付加価値の高いビジネスをしている証明であり、投資家を含めて、すべてのステークホルダーを幸せにできるという社会貢献度のバロメーターなのである。純利益が増えると株価が上がる。そこへ株主の成長性への期待感が高まるとさらに株価は上昇する。時価総額は大きくなり、目標とする一兆円が現実のものとして見えてくる。そういうシナリオを描いている。世界の食品市場を牽引するグローバル・カンパニーと肩を並べ、地球規模で人々の食生活に貢献するためには、まず時価総額一兆円という企業価値を形成する必要があった。

ＣＥＯとしてやるべきことはただ一つ。会社の持っている経営資源を最も効率的に生かして理想形の事業構造を設計することである。イノベーション、生産の高度化、営業と流通戦略、グローバルなブランド・マーケティングと人材育成など、課題はいろいろある。最終的には、経営計画のクリティカル・コア（必須要件）となるコンセプトと仕組みを固めることがＣＥＯの仕事である。計画遂行のためには大きな投資が必要で、当然ながらリスクもある。私はこれを、株主と一緒に作り上げていく経営計画だと考えている。すべてのステークホルダーがわれわれの戦略を支持し、成長性の夢を共有できないと実現不可能な〝総力戦〟なのである。一兆円の達成に向けて取り組むべきプログラムはできている。

私自身はこれを、第二創業期のファイナル・ステージと考え、脇目も振らずやるつもりだ。ある社外取締役からは、「腹がいりますよ」と言われた。

「覚悟の上です」と答えた。

今の時代、しょせん、何が起こるか分からない。覚悟して働くしかない。

創業者から日清食品の経営を継いで三十一年がたった。その間、多くの失敗を経験した。二代目にしか分からない苦労もたっぷりと味わった。最近、食品業界の集まりに行くと、「乾杯の発声を」と頼まれる機会が増えた。長老扱いされるのは嫌だが、いつの間にかそんな歳になってしまった。振り返ると、三十七歳の若さで社長に就任した一九八五年三月期の業績は、売上千四百億円、純利益七十六億円（日清食品単体）だった。それが社長業三十年の節目を超えた二〇一六年三月期に、売上四千六百八十一億円、純利益二百六十九億円（日清食品グループ）を記録し、売上、純利益ともに過去最高となった。多少の浮き沈みはあったが、業績、業容ともに成長拡大できたことがうれしい。いつも口うるさく、決して私をほめたことのなかった今は亡き創業者に対しても、胸を張って報告できるところまできたのではないかと思っている。

本書は、ビジネスの成功事例ではない。食品メーカーとして時価総額一兆円企業になるために取り組んでいる戦略をまとめたものである。拙著『カップヌードルをぶっつぶせ！』、『勝つまでやめない！　勝利の方程式』（いずれも中央公論新社刊）に続く、個人的なプレゼンテーションノートの一部と考えていただきたい。成功するか失敗するか、どんな事態が待ち受けているのか、私自身にも分からない。会社の事業計画は政治家の公約とは違う。企業家は数字がすべてで、逃げも隠れもできない。それを覚悟の上で本書を披瀝《ひれき》している。私が描いたグローバル戦略のシミュレーションを一緒に楽しんでいただき、そこから私の「CEOの覚悟」を読み解いていただければうれしい。現在の不透明な経営環境の中で、未来に立ち向かう若い経営者やビジネスパーソンに、すこしでも参考になるところがあれば幸いである。

日本企業
CEOの覚悟

目次

第六章 グローバル人材の育成。—— 165

日本企業
CEOの覚悟

第一章　時価総額一兆円企業へ。

株価連動型社員食堂「カブテリア」オープン。

二〇一六年三月、東京本社二階に新しいビュッフェスタイルの社員食堂がオープンした。単なる食堂ではない。社員が集まって新しいアイデアを生み出す「クリエイティブガレージ」というのが空間コンセプトである。日清食品創業者の安藤百福《ももふく》がチキンラーメンを発明した場所が自宅裏庭の小さな小屋（ガレージ）だったということからこの名がつけられた。担当者は、「ここで食事をすることで、創業の原点を見つめ直し、クリエイティブな発想を生み出す機会を作りたい」と言う。内装は落ち着いた銅材や古木などを使ってリラックス空間を演出してある（図1）。ここまでの話は理解できた。しかしその後の説明に驚いた。

毎月替わりでイベントを実施するという。イベントコンセプトは「株価を上昇させて企業価値を高めるために、社員一人一人が何をできるかを考える」。その名も「株価連動型社員食堂」だというのである。私の理解のほどもちょっと怪しくなってくる。内容を聞いてみると、前月の月平均株価を当月末尾の終値が上回った場合は、「ご褒美デー」を二日間設定し、豪華イベントやメニューを提供するという。すでに、マグロの解体ショー、有名なパティシエを招いてスイーツ・セレクションや、リオ・オリンピックにちなんだ、鉄

図1 株価連動型社員食堂▶
「カブテリア」

◀図2 ご褒美デー「肉祭り」

図3 お目玉デー「蕪メニュー」▼

串に牛肉、豚肉、鶏肉を刺し通し、荒塩をふって炭火で焼く「ブラジルのシュラスコ肉祭り」（図2）などを行って株価上昇を祝った。逆に下回った場合は、「お目玉デー」を二日間設定するという。メニューは、同じ株でも蕪《かぶ》の入ったおでん、コッペパン、牛乳、冷凍ミカンだけである（図3）。このお目玉デーは予告なしに実施し、役員数名が給食着で社員一人一人に配膳する。役員、社員も一緒になって、今後に向けて自らの行動を考え直す日とするというのだ。こんなことをして大丈夫なのか。私は心配になった。株価が下がったのを社員の責任にして、質素な食事にしてしまうのは一種のハラスメントではないのか。「大丈夫です」と言う。

「見かけは粗末ですが、成人に必要な栄養価はちゃんと担保してあります」

そんな理屈で納得させられたが、肝心の社員が納得してくれたのかどうかが気になった。まだ、時価総額一兆円の計画を発表する前の話である。株価を上げることへのモチベーションがない中で、いきなり、株が下がったから昼ごはんは蕪です、と言われたら社員は困惑するだろう。しかしさすがにわが社の社員である。不平不満は出なかった（と聞いている）。カフテリアのオープン記者発表に私も出席した。それを見た社員は、「CEOが報道カメラの前で試食をしている。これには何か深いわけがある」、そう思ったに違いない。

それから二か月後の五月、二〇一五年度の決算と一緒に新中期経営計画を発表した。シンボル・デザインには、企業理念である「EARTH FOOD CREATOR」の下に一兆円の

中期経営計画2020のシンボルデザイン 図4

数字が並んだ（図4）。長い社長業の中で十三桁の算用数字を見るのは初めての経験だった。キャッチフレーズはもちろん「いっちょう、やりますか！」である。

同じ日に、恒例の証券アナリスト説明会を開いた。

「日清食品は、ブランドは一流だが、決算は二流ですね」

「いろんな投資をやっておられるが、リターンの数字がはっきり出てこないのは経営センスが悪いのでは……」

「グローバルな成長の基盤はできたと言うが、成功しているのは中国とブラジルだけではないのか」

「時価総額一兆円には驚いたが、資本市場でこれだけの規模を達成するのだという強いメッセージが欲しい」

そんな歯に衣《きぬ》を着せない意見が飛び出した。

最高益を出しているのにここまで言われることはないと思ったが、率直な意見が聞けてうれしかった。社内の見方と、外部から客観的に見た会社の評価は違う。わが社は今までずっと売上を経営目標にしてきた。売上一兆円企業を意識して、規模の拡大のためにＭ＆Ａやアライアンスなどいろいろな投資をした。その利益回収に時間がかかり、計画通りにいかないことが多かった。投資家は企業の成長性の夢を買う人たちである。わが社は、その期待に十分応えられなかったということだろう。私が社長になってから、結果的に失敗し、無駄になった投資がいろいろあった。それを二流と言われるのなら仕方がない。しかし、私自身は反省もし、十分な学習を積んできたつもりである。

本業で稼ぐ！　売上より営業利益を重視。

「中期経営計画２０２０」（図５）では、グローバル・カンパニーとしての評価を獲得するために「本業で稼ぐ力」と「資本市場価値の形成」を二大テーマに掲げた。メーカーは物を作って売るのが仕事である。「本業で稼ぐ力」を示すのは営業利益であり、利益率の高さが実力を示す。さらに、グローバル・カンパニーと評価されるためには、海外でどれだけ利益を稼いだかという「海外営業利益比率」が大切になる。一方、「資本市場価値の

中期経営計画2020

図5

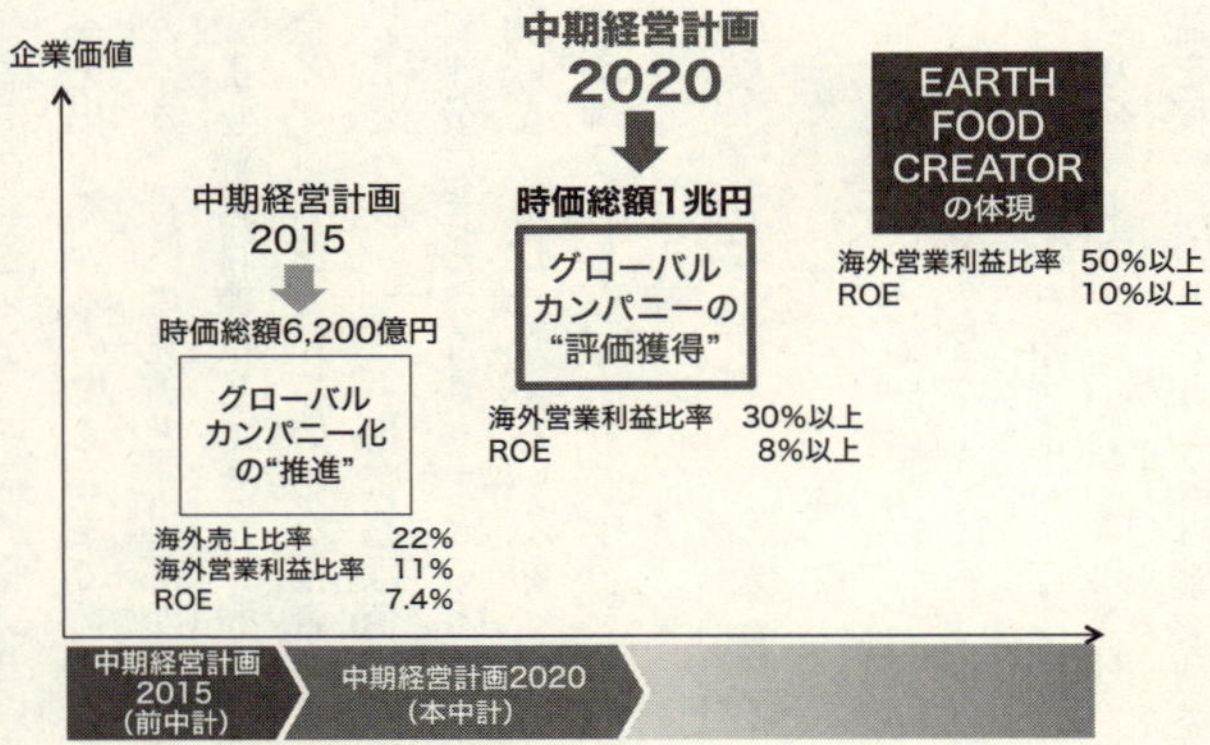

形成」には、投資家への配当金の元になる「純利益」と、株主から預かった資金を使って、いかに効率的に利益が生み出されているかを示す「ＲＯＥ（自己資本純利益率）」を重要な経営指標とした。

その結果、二〇二〇年の達成目標を、「売上高五千五百億円、調整後営業利益四百七十五億円、海外営業利益比率三〇％以上、純利益三百三十億円、ＲＯＥ八％以上とする」ことをコミットメントした。株価はコントロールできないが、着実に利益を上げていけば時価総額は上がるだろう。そのために、「調整後ＥＰＳ（一株当たり純利益）」を五年間の平均伸び率が一〇％になるよう積み上げる。持続的成長性を高めることによって二〇二〇年には「ＰＥＲ（株価収益率）三十倍」を想定し、時価総額一兆円につなげていくというシナリオである。二〇二一年三月末時点の株価については、一兆円を同時点の発行済株式総数一・一七億株で割ると、約八千五百円になる。

いくらかの不確定要素はあっても、投資家や社員などのステークホルダーに対して、成長していけるかどうかの絵を描かなければならない。世の中にコミットメントした以上、その責任を負う。これがCEOの仕事だ。宿命と言っていい。高い授業料を払ったが、成長性の種は十分に仕込んできた。機は熟したというのが正直な気持ちである。

アナリスト説明会の後、数日して各証券会社の分析レポートが次々と公表された。日清食品ホールディングスの株式評価はほとんどが〝BUY（買い）〟だった。内心ほっとした。計画がスタートする日に躓つまずくわけにはいかなかった。アナリストたちの辛口の意見は、どうやら負けず嫌いの性格の私に、もっと本音をしゃべらせようという挑発だったのだろう。

大きな株を育てよう！　社員に株式を無償支給。

「今期から、業績評価の一部を株価連動型とする」

計画発表の翌日、私自身の口から初めて全社員に新中期経営計画の内容と、社内の取り組みを説明した。株価連動型食堂「カブテリア」は株価意識を高めてもらうための一種の

「大きな株の種」社員用説明資料

図6

株主は配当の元になる当期純利益が大事！！

株主が重視する指標 ①

ROE

ROE（自己資本当期純利益率）
＝当期純利益/自己資本

株主から預かった資金（＝自己資本）を使って効率的に利益が生み出せているかをはかる

株主が重視する指標 ②

EPS

EPS（一株当たり当期純利益）
＝当期純利益/発行済み株式数

実際に、いくらくらいの配当がもらえそうかの目安

みんなで大きな株に育てましょう

社内株価目標

図7

2017.3末	2018.3末	2019.3末	2020.3末	2021.3末
6,100円	6,700円	7,300円	7,900円	8,500円

お遊びである。それとは別に、社員が一兆円構想を自分のこととして考え、業務に真剣に取り組んでくれるような制度を作った。「大きな株の種」（図6）という。

従業員全員に株を無償支給することにした。支給するのは二〇一六年にカップヌードルが四十五周年を迎えたのを記念して、日清食品ホールディングスの株式四十五株とした。当時の株価が五千六百円だから、一律二十五万円程度である。この特別報奨を受給するためには従業員持株会に入っていなければならない。持株会とは毎月の拠出金が給与と賞与から天引きされ、自社株が購入できるという福利厚生である。拠出金の一〇％が会社から補助され、上乗せして買い付けられるという特典も付く。

さらに、社員株主へのインセンティブとして、翌二〇一七年三月度の平均株価が六千百円を上回り、当年度の営業利益が計画目標を上回った場合は、さらに十株をプラス支給する。以降、毎事業年度末の目標株価は、前年より六百円ずつ上乗せした株価に設定し、それをクリアした上に営業利益計画を達成すると毎年十株を支給することとした（図7）。

わずか四十五株の小さな「種」だが、五年後の二〇二一年三月度には一株八千五百円という大きな株に育つように頑張りましょうと呼びかけた。これによって、貯蓄や個人資産の運用に熱心な女性社員を中心に新規の加入者が大幅に増えた。ただし、株式市況は何が起こるか分からない。「あくまで自己責任で」と言い渡してある。

シーフードヌードルを世界統一ブランドに。

一兆円構想の柱は、やはりカップヌードルのグローバル・ブランディングである。カップヌードルは発売四十五周年の二〇一六年三月、世界累計販売食数四百億食を記録した。現在、世界八十か国と地域で売られており、海外販売比率は七〇％、カップめんカテゴリーでは世界売上№１である。グローバルなブランド戦略としては、コカコーラ、マクドナルドに追い付いてきているという感触がある。これを二〇二〇年度に、海外販売数量を現在の一・五倍まで持っていく予定だ。

そのためにカップヌードルのマーケティング戦略を方向転換する。今までは、徹底した現地化戦略を進めて、それぞれの国と地域に親しまれている味を再現して成功してきた。カップヌードルのブランド名やパッケージの商品ロゴは統一し、中身のスープ、具材、めんは現地化するという「グローカル（GLOBAL＋LOCAL）戦略」である。人間にとって食は最も保守的な嗜好《しこう》で、最後は食べなれた味に戻る。たとえば、タイのトムヤムクン、インドネシアのサンバル、インドのマサラ、マレーシアのラクサ、韓国のキムチ、中国ならウーシャンフェン（五香粉）、ブラジルのガリーニャ・カイピーラ（メス地鶏のスープ）、日本人なら醬油《しょうゆ》、味噌である。小さい時から口の中の味蕾《みらい》に記憶された「おふくろの味」

は生涯忘れないものである。これを食べると心が休まり一番気持ちがいいというカンファタブルな味を世界中で再現することが、わが社の一貫したグローカル戦略だった。

しかしここに来て、足りないものが一つあった。永年にわたり地域密着型のグローカル戦略をとってきたために、全世界どこに行っても必ず売っているという世界共通のカップヌードルがなかった。コカコーラのクラシックやマクドナルドのビッグマックに並び立つ中核商品が存在しなかった。それがないと、世界市場でブランディングを成功させることも、販売数量を圧倒的に拡大することも不可能なのである。本来なら、日本で一番売れているオリジナルのカップヌードルを世界ブランドとして立てたいところだが、原材料や品質がハイ・スペックのため価格が高くなる。日本人好みの醤油味ベースのため、すべての国で受け入れられるとは限らない。アジア、特に東南アジアの沿岸部では、同じ醤油でもタイのナンプラー、ベトナムのニョクマムなど、魚を発酵させた魚醤《ぎょしょう》文化が根強く残っている。果たして今でもそうなのか。改めて比較調査をすることにした。

まず、十三億の人口を持ちインスタントラーメンの最大消費国である中国で調べた。すると、オリジナルのカップヌードルより、日本のシーフードヌードルをベースにした海鮮風味の方に軍配が上がった。ほかの国や地域でも調べた。海洋国では伝統的にシーフードの食文化があることは分かっていたが、大陸部の国でも、シーフードは健康的でエスニックな料理として評価が高かった。その結果、社内の誰一人として想定していなかったシー

シーフードヌードルが世界統一ブランドに　図8

フードヌードルをメジャーフレーバーに定め、世界中で発売することになったのである（図8）。

創業者が苦労して開発したオリジナルのカップヌードルを採用しないことはブランディング戦略上たいへんな決断だった。しかし腹をくくって断行した。現在、シーフードヌードルは日本、中国、香港、フィリピンで販売しているが、今後は、米国、ブラジル、インドネシア、タイ、シンガポール、欧州などの主要拠点で生産を開始する。イスラム教圏でもムスリムの人たちに食べてもらえるよう、風味は変えないでハラル認証を得られるように改良していく。

世界市場は
カップめんの時代に突入。

一方、今まで現地化を進めていたグローカル商品は、これからもサブ・ポジションのカップヌードルとして大切に育てていく。ネットワークは現地生産、現地販売にこだわらない。より流動性を高め、受容性のある国には積極的に流通させていく。最近、タイで開発したトムヤムクンヌードルが日本で発売されて大ヒットした実績がある。カップヌードルがどんどんグローバル化していけば、今までなかった新しいフレーバー開発が可能になる。日本の消費者にも世界の多様な味を提供できるようになるだろう。完全な飽和状態にある国内市場の活性化と、国内の収益基盤の強化にもつながっていくはずである。

デファクト・スタンダード（De Facto Standard）という言葉がある。「事実上の標準」という意味で、ある製品がＩＳＯやＪＩＳのような公的機関が定めた規格ではなく、市場における競争や売れ行きの結果として「事実上標準化した基準」となることを指している。家庭用ビデオのＶＨＳや、パソコン向けＯＳの Windows などがそうだった。マクドナルド、ケンタッキーフライドチキン、ミスタードーナツが世界を席巻してファストフードのグローバル標準となったように、インスタントラーメンの市場では「カップヌードル　シーフードヌードル」が世界のデファクト・スタンダードになる。

同時に、オリジナルの「カップヌードル」「カップヌードル　チリトマト」「カップヌードル　マサラカレー」などは、味が受け入れられた国・地域のデファクト・スタンダードとしてサブ・ポジションを確立させる。そんなグローバル・ブランディング戦略を描いている（図9）。

今、このタイミングでシーフードヌードルを基軸に、カップヌードル商品群を世界ブランドとしてエントリーするのには理由がある。早過ぎず、遅過ぎず、まさに今、「機は熟した」という判断があった。わが社独自の過去の分析データから割り出した結果である。どこの国でもインスタントラーメンの歴史はまず安価な袋入りめんの普及から始まり、何年後かに、高価だがより簡便性の高いカップめんにシフトしていく。そのカップめん需要が一気に爆発するタイミングには、ある共通する社会的な素地があった。たとえば、カップヌードルがすでに市場に定着した日本、広東、シンガポール三地域の共通項を調べてみると、一人当たりの国内総生産（GDP）が八千USドル以上、二十代の人口構成比が一七％以上、ターゲットの平均月収がカップヌードル売価の約一千倍に達した時に売れだしている。さらに、マクドナルドの店舗展開が全国的規模で広がり、ビッグマックセットの価格がカップヌードル売価の三・三から四倍以上になった時に売れ始めるという指標を導き出した（図10）。

このデータで大事なのは所得水準の向上である。生活が豊かになると、人々には少しくらい価格が高くても新しいものを食べたいという欲求が起こってくる。食の多様化が始まる。今まで袋めんしか食べなかった人たちが高価格のカップめんを食べ始める傾向があった。

カップヌードルのGlobal Branding

図9

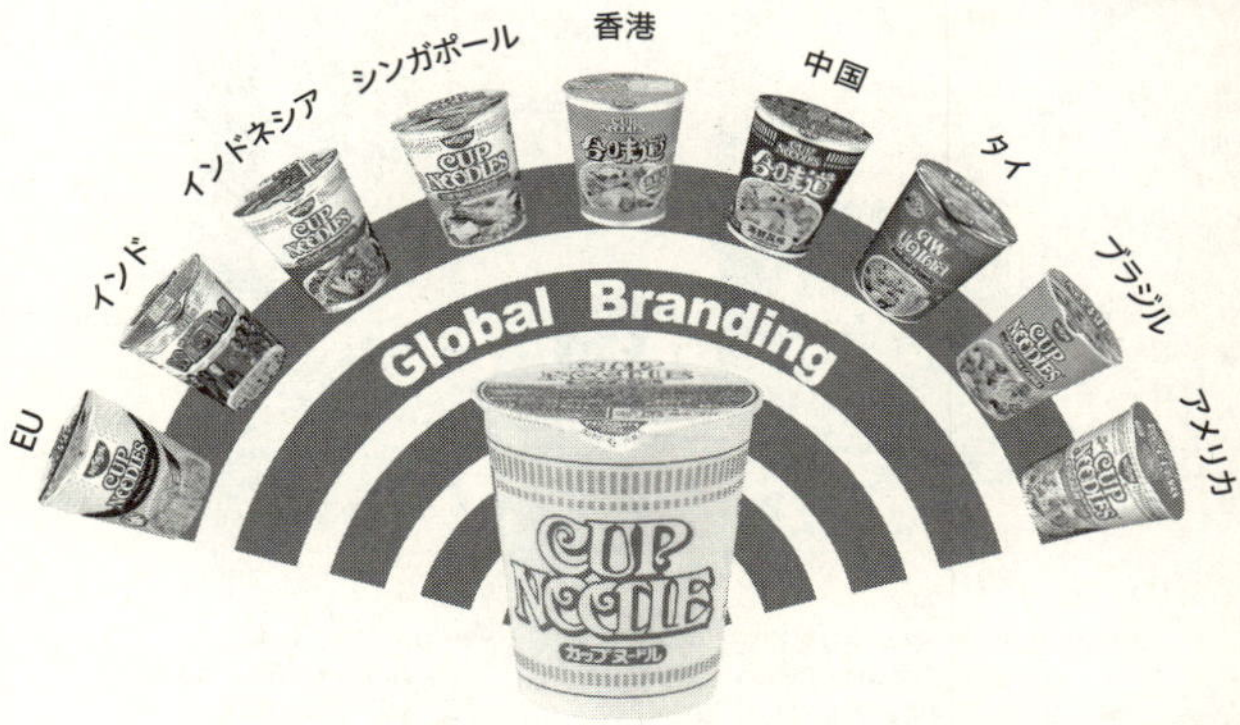

カップめん普及のための社会的素地の考察

図10

		日本	広東	シンガポール
当社ヒット	年 カップヌードル売価	1972年〜 100円	2011年〜 55.6円	1994年〜 100.4円
当時の外部環境	平均月収 カップヌードル売価の:	96,000円 約960倍	59,144円 (首都広州) 約1,064倍	101,168円 約1,008倍
	1人当りGDP	USD 8,136	USD 8,188	USD 32,959
	20代の人口構成比	19.1%	17.4%(中国全体)	18.3%
	マクドナルド浸透状況 ビッグマックセット価格 カップヌードル売価の:	全国展開期 330円 約3.3倍	店舗数倍増期 228.5円 約4.0倍	浸透 481.7円 約4.8倍

円貨記載については、広東　2011年年平均レート、シンガポール 1994年年平均レートにて算出。
出典：日本平均月収：内閣府「国民経済計算」　広東平均月収：新聞網の統計データを基に算出
シンガポール平均月収：近年の平均月収(シンガポール政府発表)と1人当たり名目GDPの伸び率(IMF)から推計
GDP：IMF DATA
20代の人口構成比：United Nations, Department of Economic and Social Affairs, PopulationDivision. World Population Prospects
ビッグマック価格　日清食品HD調べ（日本は当時の単品価格の合算にて算出）

インスタントラーメン世界総需要とカップめん比率の推移　図11

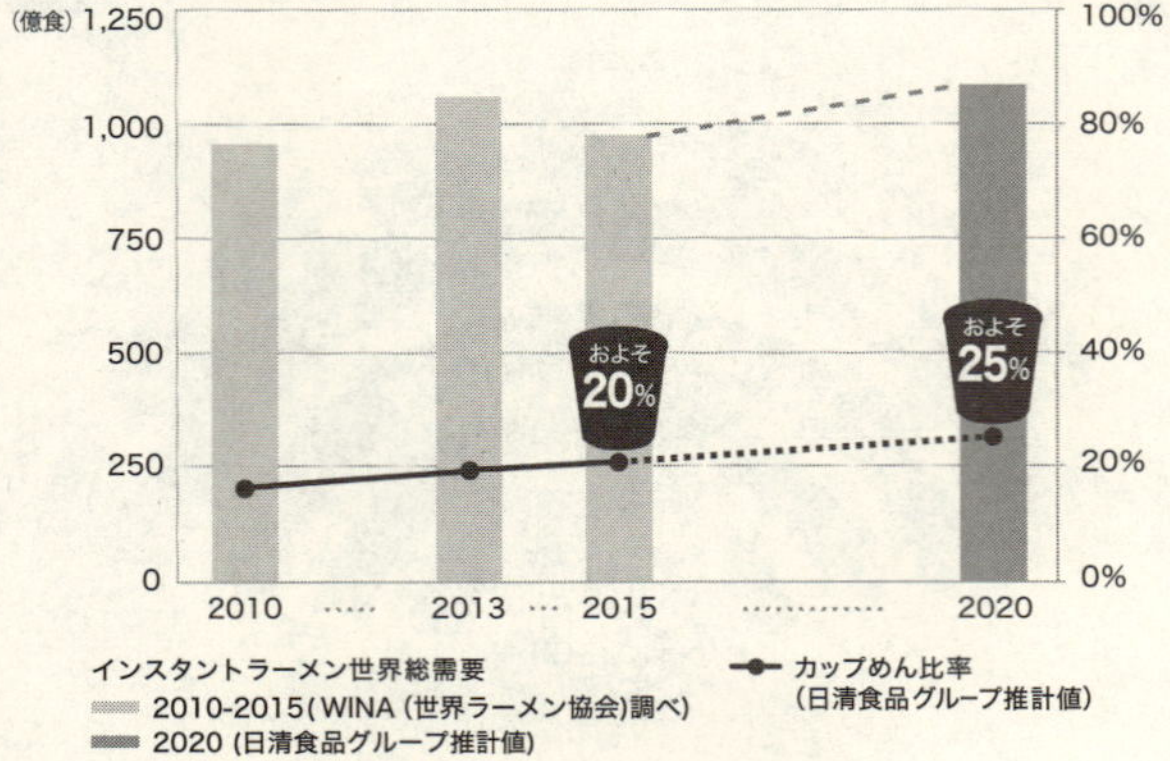

インスタントラーメンの二〇一五年の世界総需要は九百七十七億食だった。うち袋めんが七百七十七億食、カップめんが二百億食。両者の比率はまだ八対二である。袋めんの普及が行きわたり、いよいよこれから、カップめんの時代が到来することは明らかだった（図11）。

グローバル市場の標的はＢＲＩＣｓ。

カップヌードル・グローバル戦略の拠点として、まず注目したのはブラジル、ロシア、インド、中国の、いわゆるＢＲＩＣｓだった。その四か国の社会情勢を「カップヌードルが売れる素地」の指標に照らして当てはめていくと、条件はほぼ一致した。多少の景気の翳りや地政学的リスクはあっても、経済成長率の高さでは圧倒的に世界をリードしているのである（図12）。

たとえば、ブラジルは一人当たりのGDPが八千八百USドルであり、基準値の八千ドルを超えた。二〇一三年から一四年にかけて高温と干ばつの影響で食料品価格が急騰、特にハイパーインフレと呼ばれる外食産業のインフレ率は年間一〇％を超えた。そのせいもあって、ビッグマックセットの価格はカップヌードルの現地価格一食八十円の七・三倍に跳ね上がり、三・三倍というわれわれの基準を大幅に超えた。総需要に占めるカップめん比率はまだ二・五％と低く、カップヌードルが成長してゆく素地は十分に整った。二〇一五年十月には、味の素と折半出資していた現地法人「日清・味の素アリメントス社」から味の素の持ち分を買収し完全子会社化した。日清ブランドはブラジルで約六五％のシェアを持っており、開発、生産、販売の一貫体制が築けたことで、いよいよカップヌードル市場の拡大にはずみがつく。

中国は一人当たりGDPが八千二百八十USドル、上位三十二都市部の平均月収がカップヌードル売価の一千百五十倍に達しており、いずれも基準値をクリアーした。年間四百億食の世界最大の消費量を誇る国でありながら、カップめん比率は二二・八％で、まだまだ伸びる余地は大きい。現在、全土に約六十ある人口三百万人以上の都市に販売網を絞り込むマーケット戦略を進めている。今後、経済成長の著しい香港から都市部へとさらに進

BRICsの可能性と日清食品グループの展開方針 図12

インスタントラーメン総需要（食数ベース）*

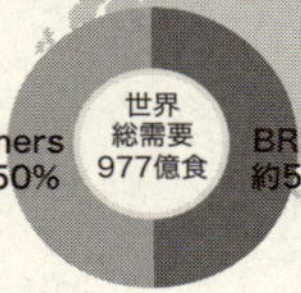

*出典：WINA/2015

新興国の中間層人口推移**

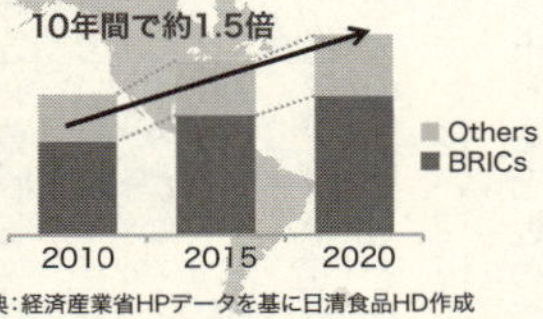

**出典：経済産業省HPデータを基に日清食品HD作成

国名	総需要 2015 (国別順位)	市場環境	当社の勝機
ブラジル	22.8億食 (第10位)	■ カップめん市場はまだ3%程度で、今後伸長の可能性大 ■ 中間富裕層の伸びが大きい	■ 即席めん市場トップシェア約65% ■ カップヌードルの新プロジェクトを2016秋より実施
ロシア	18.4億食 (第11位)	■ カッププめん市場は約25% ■ 地政学的なリスクは消えておらず、景気は若干下降気味	■ Mareven Food（JV）はトップシェアで高いブランド認知 ■ 全土レベルで強い営業力 ■ 技術や商品開発等の連携強化
インド	32.6億食 (第8位)	■ 昨年度は市場の混乱により規模大幅縮小も、現在は回復基調（2014　総需要53.4億食） ■ 中間層拡大によるカップめん市場の成長が期待できる	■ 食の安全に対する取り組みが成長を後押し ■ まだ規模は小さいが、カップめん市場ではシェアNo.1
中国	400.1億食 (第1位)	■ 縦型カップめん市場は活性化し、年々大きく伸長（2013-15年平均成長率39%） ■ 都市部を中心に中間層の数は増えていく傾向は継続	■ 縦型カップめん市場トップシェア ■ 販売エリアの拡大によりまだまだ成長は可能

出典：総需要2015：WINA/2015　中国縦型カップめん市場、各種シェア数値：Nielsen2015

ブラジル　ロシア　インド　中国

Nissin Lamen　CUP NOODLES　Rollton（袋）　Rollton（トレイ）　TOP RAMEN　CUP NOODLES　合味道 海鮮風味　合味道 五香牛肉味

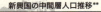

めるつもりである。

ロシアは平均月収、ＧＤＰ、二十代の人口構成比などすべてがほぼカップヌードル爆発指標の理想形に近いバランスのとれた社会状況であることを確認した。現地で資本提携しているマルベンフード・セントラル社はロシア即席めん市場のNo.1シェアーを持っており、カップヌードルはじめ日清ブランドの展開におおいに力になる。ただ、ウクライナ問題などの地政学的リスクが消えておらず、景気は若干下降気味である。

インドは一人当たりＧＤＰが低いが、急増する中間富裕層の月収の伸びが著しく、同時に、二十代の人口構成比が一七・六％とＢＲＩＣｓ中最大で、カップヌードル・ユーザーの勃興を予感させる。インドでは過去に痛い思い出がある。ユニリーバ社の現地子会社だったヒンダスタンリーバとジョイントベンチャーをやった。担当したインド人のマネージャーがしきりに日本の汁物のラーメンがおいしい、インド人の口にも合うというので発売し、一年間、拡販努力をしたがさっぱり売れなかった。それもそのはず、インド人の食習慣は昔からほとんどの人が手で食べる。熱いラーメンのスープに手を入れたら、間違いなくやけどする。こんな当たり前のことを忘れていた。そのマネージャーはターバンを巻いた上流階級の人で、普段はスプーンで食事をすることが分かった。ネイティブといっても信用してはいけない。この事業の失敗の犯人は私である。二十年以上前の話なので、時効と思っている。同じ轍を踏まないために、それ以降は、インド料理の定番であるミックススパイスのマサラを使い、カップヌードル・マサラなど汁のない焼きそばタイプのラーメンを販売してきた。

インドは中国に次ぐ十三億近い人口を持つ国である。GDPは低いが、急激に豊かになり食習慣も変わっていくに違いない。この人たちが中国人並みに一人年間三十食以上を食べ始めたら、あっという間に四百億食の総需要が生まれる。いよいよテイクオフである。カップヌードルをその推進力にしたいと思っている。

ちなみに、各国のカップヌードルと袋めんの実勢売価を比べると、カップヌードルの値段は袋めんの一・五倍から四倍で、利益率は約二倍である。本中期経営計画が目指す収益率の改善という意味では、カップヌードルの成長が最大のカギになる。

これが、二〇二〇年のカップヌードルの販売食数を、二〇一五年の一・五倍にするという計画の骨子である。

「総需要の管理者」になることが創業企業の使命。

「このような自社の経験則から割り出したマーケティング・データは公表しないほうがいい」という意見が社内の大勢を占めた。

「コンペティターが参入して、競争が起きる」と心配しているのである。

私は逆のことを考えた。

「競争が起きるのなら、なおさら結構。多くのメーカーがカップめん市場に参入すれば総需要が大きくなり、業界にとってはいいことだ」と。

私は、情報内容にもよるが、内部データを公表することにあまり抵抗はない。むしろ、それが企業評価を高め、業界の活性化につながるなら、社内事情を社外に持ち出すことは大いに結構とはっぱをかけてきた。

昔、創業者とこんなやり取りがあった。私が「世界一のラーメンメーカーになる」と宣言してせっせと海外進出を進めていた頃である。

「別に世界一にならんでもいいじゃないか」と言うのである。

「どうしてですか」

「世界には優れた経営者がたくさんいて、ラーメンの食文化が全世界に広がったことで満足すべきだ。日清食品はラーメン文化の伝道者になればいい」と。

さらに、ここまで言われた。

「おまえの小さなフンドシで世界を包もうとしても、しょせん無理な話だ」

ゲスい表現とは言え、「的確だなぁ」と恐れ入った。

当時、海外投資がかさんで、なかなか回収が追い付かなかった。そんな状況を見て業を煮やしていたのである。創業者の仕事を継承した私にとって、いつか世界一になることは大切なモチベーションだった。内心、納得はできなかったが、「なるほど、創業者の発想とはそういうものか。さすがにスケールが違う」と感心したことを覚えている。

しばらくして、こんなことを問われた。

「インスタントラーメンを開発した創業企業としての責任は何だと思うか」

「ラーメンが世界に広がったことで満足しろと言ったじゃないですか」

少しムッとして答えた。

「もう一度考えろ」と言う。

禅問答である。

それ以来すっかり忘れていたが、ある時ひらめいた。

「世界総需要の管理者になることだ」と。

二〇一四年の十一月、シンガポールで開催した世界ラーメン協会（ＷＩＮＡ＝World Instant Noodles Association）の食品安全会議の席上だった（図13）。当時、年間一千億食以上あったインスタントラーメンの総需要が、品質や安全性の問題で低下傾向にあった。ある国で問題が発生した。不安情報がリアルタイムにネット上に流れ、あっという間に世界中で買い控えが起きたのである。鳥インフルエンザやデング熱が世界中に一気に広がることをパンデミックというが、世界のインスタントラーメン業界にもパンデミック現象が起き、総需要の低下につながった。私はＷＩＮＡの会長としてある提案をした。

世界ラーメン協会（WINA）食品安全会議（2014年11月）図13

「商品開発や新製品でお互いに競争するのはいいことだ。しかし、安全性に関する技術と、栄養や健康対策については非競争分野としたい」

国や会社によって技術に大きな開きがあることは分かっていた。だからこそひとたびどこかで品質問題が発生した時は、業界全体が力を合わせてその解決に取り組む必要があると思った。わが社は東京都八王子市の総合研究施設〝ｔｈｅ ＷＡＶＥ〟の中に「グローバル食品安全研究所」を持っている。ＷＩＮＡ加盟社から要請があれば、わが社が保有するノウハウ、技術、情報を提供する用意があるとした。実際に事故が発生した場合は、安全研究所で検査や分析をし、すみやかにその結果と解決策を報告することを約束した。ヨーロッパやアジア各国の有力企業など、高い技術力を持つメンバーからも賛同を得られた。

検査や分析に要した費用は、半分を当該メーカーが負担する。残りの半分をWINAの初代会長だった安藤百福が生前に提供した基金と、加盟社からの寄付金を合わせて設立した「WINA食品安全研究基金」が負担することにした。業界が一致結束して消費者の不安情報を払拭し、総需要の落ち込みを回避していく道が開かれたのである。

私自身の口から言うのはおこがましいが、「世界総需要の管理者になる」という強い思いは、そういう仕組みを作ることによって可能になった。

これが創業者の質問に対する正解かどうかは分からない。

もし、生きておれば、「もう一度考えなさい」と言うかもしれない。

「それを考え続けることがあなたの仕事だ」と。

二代目の自問自答はまだ続きそうである。

第二章　コーポレート・ガバナンスの時代。

CEOは大局を観て、楽観的に考える。

企業経営のカジ取りが難しい時代になった。

私が社長になった三十年前と現在を比較すると、社長のやるべき仕事は大幅に増えた。しかも内容が複雑化してきた。昔、経営はもっとシンプルだった。社長の仕事は取締役会を開き、意思決定し、自ら業務を執行することだった。つまり、やりたいことができた。さまざまなリスクを乗り越え、果敢に挑戦するところに経営の醍醐《だいごみ》味があった。ハイリスク、ハイリターンに取り組んだ場合、多少の失敗は大目に見てもらえたし、名誉回復のチャンスはいくらでもあった。そういう意味では、今は窮屈な時代である。

アベノミクスの柱である二％以上の成長率を実現するため、国が企業にベースアップを求めてくる。自由経済社会ではかつてこんなことはあり得なかった。「アクティビスト（物言う投資家）」と呼ばれる投資ファンドは、収益性が低いと価値を生まない企業と判断し、短期収益の確保や利益還元を求めてくる。取締役が会社に損害を与えて、そのプロセスに違法性ありと判断された場合、株主代表訴訟という伝家の宝刀を抜かれる。品質問題、長時間労働、ハラスメントなどの不祥事が、インターネットのSNS（ソーシャルネットワーキングサービス）などで取り上げられると、たちまち批判の嵐にさらされる。情報が大手のメディアに波及し、いつの間にかその会社はブラック企業の烙印《らくいん》を押される。業界トップクラスだった企業が、あっという間に消費者の信頼を失っていくケースをたびたび見てきた。こういうことはどんな企業でも起こりうる。経営環境が質的に変化しているのである。経営に不正はないか、法令は守られているかをCEO自らが企業モラルの体現者となって、チェックしなければならなくなった。

最近まで、CEOは社内のことがすべて分かっていないとダメだと思っていた。少なくとも、私自身は分かろうと努力してきた。しかし、事業分野が広がった上に、IT化が急激に進み、経営の構成因子がどんどん増えてくると、実はよく分からない「ブラックボックス」がいっぱいあることに気が付いた。たとえば、専門的、先端的な技術はほとんどブラックボックスの中にあると言っていい。マーケティングや宣伝を担当する若い人たちの感覚や発想も理解できそうで実は分からない。会社の中には、長い時間の中で染みついた習慣や企業体質が残っている。社内では常識と思っていたものが、実は世の中の非常識になっていないか、良いと思ってやってきた習慣が、悪しき習慣になっていないか、あるいは、この三十年、ワンマンというほどではないが、私が強引に社内を引っ張ってきたために保身的な隠ぺい体質ができていないか、気になるところである。会社が大きくなると、いざ方向転換しようと思ってもタンカーのように大きくカジを切れないので座礁してしまう。いつ何時、そういう事態に陥るか分からないという不安がある。

企業内や日本国内だけの問題ではない。世界には経営にとっての危険因子が溢《あふ》れている。英国とEUの関係、中国経済の減速、原油価格や為替の動向から目が離せない。グローバリズムに対抗するナショナリズムの台頭、アジア海域での海洋紛争、ISによるテロリズムなど、予測できない地政学的リスクがたくさんある。SNSをはじめとしたインターネット情報が世界を同時リンクしていくと、短絡的で性急な論理が力を持ちはじめる。人々の不安や不満をあおる扇動的指導者が増えてくる。中東やアフリカなど、紛争に明け暮れる貧しい国だけの話ではない。米国のような最先進国の大統領候補者にも、突然そのような人間が出現して過半数に近い国民の支持を得ることがある。私には、歴史が逆戻りしていて、再び危険な大衆迎合的「デマゴーグの時代」が始まったとしか思えない。それは偏見だと言うなら、言葉を替えて、世界は格差社会の修正ステージに入ったというべきかもしれない。

こういう不透明な状況の中で、企業のカジ取りをするCEOの戦略的思考とは何かを考えた。自分がたてた経営戦略に、本当に整合性があるのかどうかを考えると恐ろしくなる。しかし企業は同じところに留まるわけにはいかない。前へ進むためには、大局を観て、楽観的に考えることである。現在の延長線上に未来はない。まず未来を描き、そこから現在に目を向けて、持続的に成長する道を探すことが正しい選択だと思う。

米国型CEOの戦略志向と合理化政策を見習う。

昔、日本企業の社長には、入社して三十年から四十年間働き、専門部署で業績を上げ、会社に利益をもたらした人が就任することが多かった。〝過去の報奨としての社長〟という意味合いが強かった。これからは、そういう組織型の社長はつとまらなくなるかもしれない。現場でたたき上げた人は、どうしても自分の成功体験を踏襲しようとする。しかし、一部門の成功だけでは経営全般に通用しなくなるだろう。中途半端な成功体験より、強いリーダーシップと経営資質が必要になると思う。

米国企業のＣＥＯには経営請負人のようなプロが多い。会社は株主のものであり、社外取締役が株主の代理としてＣＥＯを監視する仕組みになっている。ＣＥＯの報酬は単年度実績に連動する年俸と、長期の業績に連動するインセンティブとして自社株式のストックオプションで支払われることが多い。つまり単年度実績を上げれば高額の年俸を手にすることができ、他社からヘッドハントされるなど、キャリアアップにつながる。失敗するといつ解任されるか分からない。まるでサッカーナショナルチームの監督のような熾烈《しれつ》な戦いを強いられるのである。おのずと、収益目標の達成を急いで、短いスパンで経営を見ることが多くなり、中長期的成長という息の長い視点が失われる。このような米国式ガバナンスが日本に導入されると、日本的経営の良さが失われないか。それを心配する人は多い。しかし、私は必ずしもそうとは思わない。たとえば、中長期にわたる開発経費を事業計画の別枠で計上しておき、業績評価してあげればよいのである。この方が経営全般を見直し、過去をきれいに整理し、効率を上げることに集中してくれる。米国人のCEOは日本人にはない戦略志向で徹底した合理化を図る力量には参考にすべき点が多い。

日本の企業は、「日本品質」という世界に誇る技術力で成長してきた。しかし、「失われた二十年」と言われるように、ここ二十年間、長い低迷を続け、グローバル競争に敗れてきた。原因は、ソフト開発に弱点があったからだ。iPhoneしかり、Googleしかり。米国のIT企業を中心にしたソフト開発力が日本のハードの技術開発を飲み込んでしまった。「技術で勝ってビジネスで負ける」というくやしい状態が続いたのである。日本人はソフト開発が不得意だから仕方がないとは言っておれない。第四次産業革命を国家戦略として進める「もの作り大国」のドイツを見習って、国と企業が一体となってイノベーションを起こし、まったく新しいビジネスモデルを作り上げるくらいの集中力が必要だと思う。

これからも、資源のない日本が世界で勝ち残っていくには、もの作りでイノベーションを起こしていくしかない。業種によって投資期間が違うが、長期の持続的成長を考えると、最低十年のスパンで経営を見ることが大切だ。インスタントラーメンをはじめ、加工食品のようなコモディティ商品は十年あればイノベーションを起こすことが可能である。株主利益は大切だが、短期収益を高めるために研究開発費を削ったり、人件費を抑えたりすることは極力避けたい。中長期的な技術投資によって大きなリターンを手に入れることが日本企業の生きる道である。結果的に、その方がより大きな株主還元につながる。長距離レースに勝つのはウサギではなくカメである。

一番大切なステークホルダーは「消費者」。株主は四番目。

私は社長就任以来、ずっと世界一のインスタントラーメン・メーカーになりたいと思っていた。ここ数年、ガバナンスの強化と株主価値の追求が叫ばれるようになり、「いったい会社はだれのものか」と考えるようになった。そして、世界一になる前に、まず「世の中から必要とされる企業でありたい」と強く思うようになった。

ステークホルダーとは株主、消費者、従業員、取引先、地域社会など、企業と密接な利害関係にある人々を指す。最近は、日本でも米国型のコーポレート・ガバナンスにシフトして、株主をステークホルダーの筆頭にあげる風潮が出てきた。会社は株主のもの、という発想である。しかし、私の考える序列は少し違う。まず一番目は消費者である。そして、二番目が従業員、三番目が取引先、四番目が株主と続く。なぜなら、企業の存続性が問われた時に、その企業が世の中に必要かどうかを判断できるのは消費者以外にないからだ。株主ではない。企業の有用性は商品やサービスなど、アウトプットがいいか悪いかで判断される。消費者が商品価値を認めて商品を購入してくれるから企業は存続していけるのである。お客様は神様である。その基本は世の中が変化しても変わらないだろう。いくら「物言う投資家」の力が強くなっても、最終的に〝企業の存在価値を決めるのは消費者〟なのである。

誤解されては困るが、私は決して株主を軽視しているわけではない。国内外の投資家に対してはその期待にこたえられるように常に株価を上げることに努力している。また、食品メーカーにとって、個人株主は最高のお客様でもあると考えている。個人株主はたいていの場合、会社のファンである。同時に商品を買っていただいている消費者でもある。わが社の個人株主への利益還元策は、他企業と比べても決して引けを取らない。株主優待は、本決算と中間決算後の年二回、「商品とキャラクターグッズの詰め合わせギフト」を贈っている。このギフトセットは個人株主とその家族の皆様にたいへん喜ばれている。野村インベスター・リレーションズが発行する「知って得する株主優待２０１６年版」のアンケート調査で「マイベスト株主優待・総合ランキング」で第一位を獲得したほどである。

わが社の全株主数は約五万人である。例年、東京と大阪のホテルで開催している株主懇親会には、個人株主を中心にそれぞれの会場に三千人、計六千人の方が参加されている。

グループ企業の新製品を試食してもらい、全役員が会場内を回って個人株主の意見や提案を直接聞く機会にしている。私も株主と一緒に写真を撮り、忌憚《きたん》のない会話を楽しんでいる。厳しい注文もある。心温まる励ましの言葉を受けることも多い。いずれにしろ、株主が日清食品グループのブランドを愛し、経営を支えてくれているのだと身に染みて感じるひと時である。海外投資ファンドにも、こういう極めて日本的なふれあいの現場を見てほしいと思うのだが、いまだかつて参加されたことはない。

M&Aは「いい会社」を買ってスピーディーに利益を出す。

優れたグローバル企業として評価されるためには、身だしなみを整えなければならない。企業規模が大きく財務状況がいいだけでは世界で通用しないのである。透明で公正なコーポレート・ガバナンスの仕組みを持っているかが問われる。たとえば、経営の監督・監視を行う社外取締役は機能しているか。法令を守るコンプライアンスは徹底しているか。地球環境の保全などサステナビリティに貢献しているか。多様な人材を採用し、業務に生かせるダイバーシティを進めているか、などいろいろある。企業は「儲《もう》けるだけではなく、品格を保ちなさい」と言われているのである。わが社は二〇二〇年に、世界で評価される時価総額一兆円企業になる。その為に、それぞれ個別の委員会や専門部署を作って社内体制の構築に取り組んでいるところである。

会計基準などは一見、ガバナンスとは関係なさそうだが、そうではない。資本市場のグローバル化がここまで進むと、会計基準もこれから世界の金融市場のインフラの一つになっていくはずである。わが社はずっと日本の会計基準〝ＪＧＡＰ〟を適用してきた。しかし、国際的に浸透していない日本基準を使い続けることには将来的なリスクがある。国際会計基準〝ＩＦＲＳ〟で財務情報を開示できなければ、投資家が会社の実力を公正に判断することが難しくなる。世界市場でのＭ＆Ａやアライアンスのチャンスを失うことになりかねないからである。

「ＥＳＧ投資」という言葉がよく使われるようになった。Ｅ＝環境（Environment）、Ｓ＝社会（Social）、Ｇ＝企業統治（Governance）の頭文字をとったもので、この三要素への対応ができているかを企業評価の尺度とする投資手法である。社会や環境を意識した投資は財務リターンが高く、市場リスクも小さいとされる。企業がサステナビリティの考え方を導入して企業価値を高めようとする動きと対をなしている。すでに国連が「国連責任投資原則」の中でＥＳＧ投資の推進を誓い、日本の金融庁、東京証券取引所も「コーポレートガバナンス・コード」で推奨している。ＥＳＧを経営のベースに整えていないとグローバル企業としての評価はない。ＩＦＲＳを採用するということは、国際的な評価基準であるＥＳＧに基づいて開示を行うという意思表示でもあるのだ。

実はわが社は、一兆円をめざす五か年計画の中間期から、会計基準をIFRSに切り替える予定で、すでに計画の試算の中に組み込んでいる。国内、海外のすべての現地法人や連結企業とIFRSによるネットワークを構築して、グループ全体のITガバナンスの強化と業務の効率的な運用を進める予定である。世界で競争力を高め、№1のポジションを勝ち取るためには、その土台として、なんとしてもIFRSが必要なのである。

日本会計基準〝JGAAP〟と国際会計基準〝IFRS〟の違いは何か。

JGAAPの一番の特長は期間損益を重視することである。買収額から企業の資産価値を差し引いた「のれん代」も、十~二十年で償却するという堅実な会計方法を取っている。一方、IFRSは資産を時価評価した上で、キャッシュフローを生み出せる状況にあるかどうかを見る。「のれん代」は価値が大きく下がった際に一括で減損処理して損失計上する。一定の費用を毎年計上する日本式に比べ、利益が目減りしにくい。企業の現在価値をつかむのにたいへんはっきりした方法で、投資家の意思決定に役立つメリットがある。今後は、わが社もM&Aの機会には、安物の会社を買ってのれん代を減損処理することを避け、高くても「いい会社」を買ってスピーディーに利益を生み出していく方向性に賭ける。

私の考える「いい会社」とは、経営のコアとなる技術、ブランド、マネジメントを保有していて、強力なシナジー効果を生み出せる会社のことである。ネスレ、ユニリーバ、ペプシコなどはまさにそのように世界中の優秀なマネジメントの力を合併吸収しながら世界を席巻していったのである。

不正はもともと資本主義の基本構造に存在する。

二〇一五年は「コーポレート・ガバナンス改革元年」と言われるほど、日本企業にとって企業統治が叫ばれた年だった。不祥事が相次いだからである。最近だけでも、粉飾決算、不正会計、耐震データ改ざん、燃費偽装など、トップを巻き込んだ不祥事が相次いでいる。投資家や消費者の信頼が揺らぐのは当然だろう。

同年五月、法務省が「改正会社法」を施行した。改正の焦点となったのが、社外取締役による監督機能を経営に導入するようにという条項だった。義務付けはしなかったものの、もし社外取締役を置かない場合は「相当の理由」を株主総会で説明しなさいという補足条項が付いた。とりようによっては、「従え、さもなければ説明せよ」という強い措置である。

歩調を合わせるように六月、東京証券取引所は「コーポレートガバナンス・コード」を制定した。その中で、透明で公正な企業運営を監督するために、上場会社は経営陣から独立した立場の独立社外取締役を二名以上選任するよう求めた。また、内部通報の受け皿として、社外取締役と監査役による通報窓口を設置すべきとした。過去の企業の違反行為はそのほとんどが内部告発によって発覚したと言われている。企業統治やコンプライアンスの名のもとに、経営の監視役として社外取締役の存在がにわかに注目されてきたのである。

まさにそのさなかの同年五月、日本が世界に誇る白物家電業界をリードしてきた東芝の不正会計処理事件が起きた。七年間にも及ぶ粉飾決算があったという。その間トップが三人代わっている。同社は早くから「指名委員会等設置会社」の制度を敷いている。役員の報酬を決める「報酬委員会」、取締役候補を決める「指名委員会」、監査を行う「監査委員会」を置き、各委員会の中に過半数の社外取締役を置いていた。長くガバナンスの優等生と称賛されていた企業だったが、残念ながら、その抑止効果はなかったということになる。いくら社内体制を整えても、がむしゃらに利益成長ばかりに目を向けていると、思わぬところで不正は起きるのである。

二〇一五年九月、ドイツのフォルクスワーゲン社の排出ガス不正事件が起こった。年々厳しくなる規制を逃れるための会社ぐるみの不正行為だった。その後、日本でも軽自動車の燃費偽装が次々と明らかになった。トップの引責辞任や競合メーカーへの買収に追い込まれた。軽自動車の燃費測定には国の指定する測定方法があるが、より効果があるように見せるため違った測定方法を実施し、それを二十年以上にわたって継続していた会社もあった。知りうる立場にいる人以外は、誰もその中で何が起こっているのかを覗《のぞ》くことのできない〝技術〟というブラックボックスの怖さを感じた事件だった。あるいは燃費測定という当たり前になった技術を誰も疑わず、トップも関心を持たなくなった結果なのかもしれない。本来なら、自動車のパワーと燃費効率は企業間競争の重要なポイントのはずである。燃費はそもそもどのようにして測るのか、その方法は正しいのか、なぜ当社は優位に立っているのか、こんな重要な経営課題にトップが関与しないのはおかしいのである。

ＣＥＯや社長になった人には、多かれ少なかれ、名誉欲、権力欲、金銭欲などの「個人欲」がある。一方、会社には拡大売上と拡大利益を求める「企業欲」が存在する。私はこれを悪とは思わない。実は、この二つの本能こそが企業を動かす〝ドライビング・コア〟であって、経済成長の原動力なのである。しかし、どちらか一方、あるいは両方の欲が暴走して、社会が認める会社機能を逸脱した時に事件が起こる。こういうことは言ってはいけないのかもしれないが、企業の最高責任者であるＣＥＯと財務担当役員のＣＦＯが結託すれば何でもできる。そう思っておいた方がいい。企業経営を効率化するために、この二人に権力が集中するからである。過去に起きた事件は、経営者のモラルの問題に起因しているとはいえ、もともとは資本主義の基本構造の中に存在する問題なのだ。ガバナンスと不正との戦いは今に始まったことではない。資本主義がある限り永遠に続くテーマである。

トップの仕事は業務の執行から監督機能に。

二〇一四年、東証一部上場企業で独立社外取締役を二名以上採用している会社は二一・五％に過ぎなかった。それが二〇一五年の会社法の改正と、コーポレートガバナンス・コードの施行後、四八・四％に増えた（東証調べ）。二〇一六年五月の時点では、独立を含む社外取締役の人数が約六千人、取締役全体の二割に達したという（同）。メディアでも記事として取り上げられる機会が増えた。ほとんどの見出しに「企業の監視強化」と書かれている。企業は不正を働くものというメディアの思い込みが目立つ一方で、独立社外取締役を正義の番人のように英雄視する風潮が気にかかる。完全な人間がいないのと同様に、完全な経営者も存在しないという前提に立てば、企業統治に「第三者の目」というチェック機能を導入することは絶対に必要である。しかし、その制度を正常に機能させるためには、独立社外取締役の役割や権限について正しい認識を共有しておくことが大切だと思う。

私の知る限り、日本企業のトップは、独立社外取締役の活用そのものにまだ積極的ではない。「本業を知らない社外取締役に、現場でたたき上げてきたわれわれ以上の経営判断ができるのだろうか」と心配しているトップが八割はいる。経営に参画しない独立社外取締役に、そのつど「社内の経営情報を細かく説明していくのは面倒だ。給料をお支払いしてそこまでやる必要があるのか」と五割の人は思っている。三割の人は「しばらく大勢を見よう」と傍観している。さらに、アメリカ式の厳しい「指名委員会等設置会社」制度を前向きに取り入れようと考えている人は一割程度ではないだろうか。

正直に申し上げて私自身も、つい最近まで、業務を執行するのがトップの仕事と思ってやってきた。今さら、「業務の執行は執行役員にまかせて、CEOは社外取締役とともに監督と監視に徹しなさい」と言われても、現場主義の私にははなはだ物足りない。「これでは長年培ってきた社内経験が生かせない」とすこぶる不満だった。しかし、もはやそんなことを嘆いている場合ではない。上場企業のCEOとして、いかなる規則からも逃げるわけにはいかないし、時代の流れは受け入れるつもりでいる。

無記名投票は取締役の独立性を損なう。

日本で米国式のガバナンスに一番近い制度は、「指名委員会等設置会社」である。この制度は社外取締役が強い決定権を持つことに抵抗感があり、現在、採用社は東証上場企業約三千五百社のうち七十一社（二〇一六年八月、日本取締役協会）と、日本企業への導入は少ない。米国式のガバナンスでは、社外取締役の役割は投資家の利益を守るために働くことである。経営者を選任、解任する権限を持ち、投資家の立場に立って経営を監視するのが目的とはっきりしている。

日本の場合は違う。日本の大半の企業が取り入れているのは、従来からの「監査役会設置会社」である。改正会社法で新しく施行された「監査等委員会設置会社」も普及してきている。両制度における独立社外取締役の役割は、客観的、専門的な立場から適切に「助言」し、取締役会の意思決定の正当性を「監督・監査」することとされている。会社の内部の状況や業務に精通していない独立社外取締役に重要な経営判断を求めるのは間違っている。私が独立社外取締役に期待することは、あくまでチェックとアドバイスである。

最近、ある企業の独立社外取締役で指名報酬委員会委員長が、トップ（社長）の人事案件で取締役会の重要な経営判断をリードしたケースが報道された。また、その会社は独立社外取締役が固有の権限を持つ「指名委員会等設置会社」ではなかったことから、その行為の正当性についても論議があった。私にもある新聞社から関連取材があった。私は、独立社外取締役の一般的な役割について、「こういう考えはいかがか」というアドバイスなら尊重すべきかもしれないが、「こうしなさい」というリーダーシップがあったのなら行き過ぎではないか、とお答えした。すなわち、諮問委員会には強制力や決定権はないのである。

また、同じ独立社外取締役が決議の方法に無記名投票を提案し、採用されたという。会社法には、取締役会の決議方法についての具体的な規定はない。それぞれの会社の自由裁量に委ねている。従って違法ではない。しかし私は、取締役会の重要決議を無記名で投票することには疑問を感じる。本来、取締役の一人一人が責任ある意見を述べて、挙手するか、記名投票するのが公正な手続きではないのだろうか。取締役の独自性、独立性を尊重し、意見が異なる場合には賛否を確認した上で議事録に記載する。それが現在の日本の取締役会のあり方である。このケースのような、社長に遠慮する役員がいるから無記名投票を誘導する行為は間違っていると思う。

この件について、マスコミがこれをもって「独立社外取締役がガバナンスに機能した画期的なケース」として称賛することのないように願いたい。

せっかくコーポレートガバナンス・コードが開始されたばかりなのに、制度の枠を超えて、独立社外取締役があまりにも強い意思決定を行ったら、今後、その起用を検討している経営陣は消極的にならざるを得ないだろう。そういう後ろ向きの事例にならないかと懸念する。独立社外取締役制度が日本企業になじむのには時間がかかる。急がず、段階的に定着させていくのがいい。

取締役会は経営の監督機能に重点を移す。

わが社では一兆円構想がスタートした二〇一六年度から、取締役会の体制を新しく切り替えた（図14）。制度は従来通り「監査役会設置会社制度」を敷いている。それまでの取締役会は、独立社外取締役が二人、取引先の役員である社外取締役が二人、社内取締役が九人、計十三人で運営してきた。二〇一六年度からは、独立社外取締役を一人増員し、一方で、社内取締役を代表取締役社長CEO、代表取締役副社長COO、財務担当取締役CFOの三人に絞り込んだ。その結果、新しい取締役会は社外取締役五人、社内取締役三人の計八人で構成することになった。スリム化することで意思決定のスピードを速め、経営の監督機能へ重点を移す。業務執行はもっぱら執行役員らに委ねることにした。

また取締役会とは別に、独立社外取締役三人、独立社外監査役二人、および社内取締役三人、計八人で構成される「経営諮問委員会」を設けた。独立役員が過半数を占める同委員会は、指名、報酬、ガバナンスの機能を統合したハイブリッド型組織である。議案に対する決定権はないが、その妥当性を審議・検証した後、取締役会に答申する役割を担っている。同時に、独立社外取締役の社内業務に対する知識の不足を補うため、監査役室が「独立社外取締役・監査役連絡会」を設置して、いつでも情報提供できるサポート体制を整えた。

独立社外取締役の選任は、会社法に定める社外取締役の要件と東京証券取引所の定める独立性基準を満たし、世界の経済・金融、マーケティング、先進的研究等で高い見識とキャリアを持つ方々にお願いした。これからも、学識経験者、弁護士、会計士などの持つ専

日清食品グループのコーポレートガバナンス体制の強化 図14

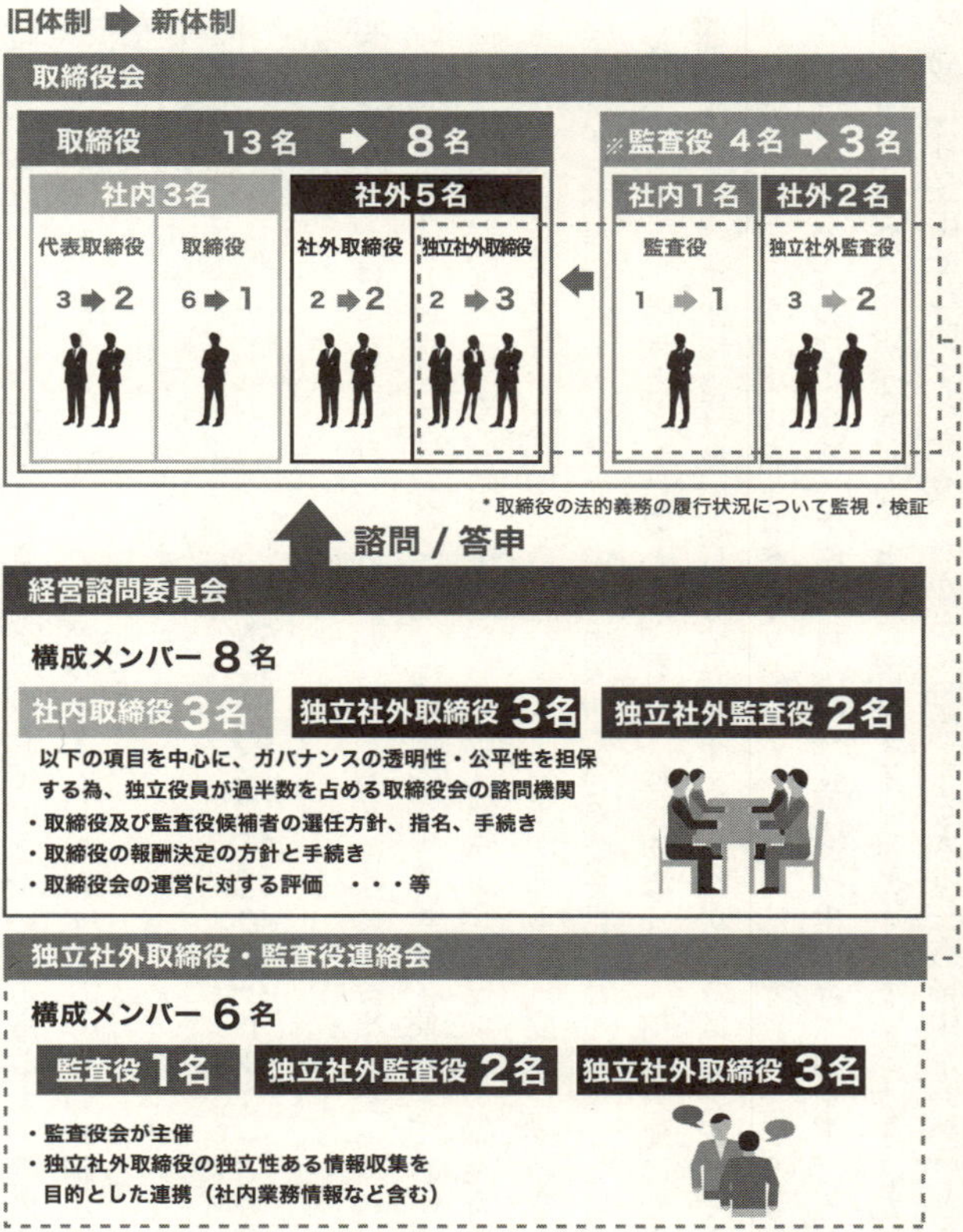

旧体制 ➡ 新体制
取締役会
取締役　13名 ➡ 8名
社内3名
代表取締役
3 ➡ 2
取締役
6 ➡ 1
社外5名
社外取締役
2 ➡ 2
独立社外取締役
2 ➡ 3
※監査役　4名 ➡ 3名
社内1名
監査役
1 ➡ 1
社外2名
独立社外監査役
3 ➡ 2
＊取締役の法的義務の履行状況について監視・検証
諮問 / 答申
経営諮問委員会
構成メンバー 8名
社内取締役 3名
独立社外取締役 3名
独立社外監査役 2名
以下の項目を中心に、ガバナンスの透明性・公平性を担保する為、独立役員が過半数を占める取締役会の諮問機関
・取締役及び監査役候補者の選任方針、指名、手続き
・取締役の報酬決定の方針と手続き
・取締役会の運営に対する評価　・・・等
独立社外取締役・監査役連絡会
構成メンバー 6名
監査役 1名
独立社外監査役 2名
独立社外取締役 3名
・監査役会が主催
・独立社外取締役の独立性ある情報収集を目的とした連携（社内業務情報など含む）

門的知見に学び、企業のトップやOBの経営力を吸収していきたい。こうした一連のガバナンス強化によって、わが社もようやくグローバル企業として恥ずかしくない体制が整ったと理解している。

責任の所在は常にトップにある。

最近、企業のトップだけでなく、ひっきりなしに起こる政治家の不祥事を見るにつけ、その引き際の悪さ、見苦しさにうんざりしている。国民の税金をムダ使いしておいて、「法律に違反していないので、辞める必要はない」という理屈が分からない。道義的責任を恥じることのない神経を疑う。「晩節を汚す」という言葉があるが、立派な業績を上げた方が、つまらない不祥事によって過去の栄光を失っていく姿を見ると、残念でならない。

社長の責任の取り方も、時代とともに変わる。昔は、社長のほうも「何でも俺にやらせるな」と代役を立てた。まず担当役員が会見して弁明する。「私が前さばきをやってきます」と意気込んで登場するが、実はあまり役に立たない。責任を回避したいという姿勢が出すぎると、つじつまが合わなくなる。上席役員、副社長などが出てきて頭を下げるが、時間の経過とともに新たな事実が発覚し、さらに混乱する。世の中に悪いニュースだけが広がる。結局、「社長出てこい」となる。だから、対応する人は一点集中がいい。どうせ出なければならないのだから、最初から社長が出て対応するのがベストである。責任の所在は常に社長にある。そう覚悟したほうがいい。

私は問題が起きたらまず一番先に出て謝る。食品メーカーにとって商品の品質問題は時間との戦いである。特に異物混入など消費者の健康、安全にかかわる場合はなおさら急がれる。三日のゆとりがない。二日で解析し、原因を特定する。すぐに、監督官庁の農水省、厚労省、さらに取引先に報告して、解決策を示す。ふだんから緊密なパイプを作っておくことが大事だ。その間、土曜、日曜をはさむと厄介になる。問題の説明が行き届かず、マスコミに突つかれてボロボロになる。

お客様に対してメーカーはあくまで加害者である。資材業者からの仕入れ品に不良品があった場合でも、被害者的な言い訳は一切してはならない。いかなる事情によろうとも、商品の回収責任はメーカーが果たさなければならない。一番大切なのは、早期に原因を究明し、事実を公表することである。

ＣＥＯの責任の取り方とは。消費者の死亡事故は解雇。

私がこのような強い認識を持つようになったのは、二〇一〇年、トヨタ自動車のリコール問題が発生し、豊田章男社長が米国議会の公聴会に自ら立って、正々堂々と証言される姿を見たからである。同社は当時、全米からバッシングを受け、プリウスなどのリコールに踏み切ったところだった。豊田社長は公聴会で証言された後、すぐに全米からワシントンに集まっていた販売店やサプライヤーの関係者らに会って謝意を述べられた。

「公聴会で私は孤独でなかった。米国と世界中の仲間たちが私とともにいたからです」という内容だった。涙まじりの演説をニュースで拝見し、胸を打たれた。じっとしていられなくなって、手紙を書いた。

「感動しました。日本品質を代表される御社の技術が、再び世界中から再評価されますよう、心から応援しています」と。

そして、日清食品で使っている営業車の一部をプリウスに切り替えた。ささやかだが、私にできる精一杯の応援だった。丁重な礼状もいただいた。

一年後、米国運輸省はトヨタ自動車に欠陥を示す証拠はなかったという調査結果を発表した。一時、落ち込んでいた販売台数は回復し、再び世界一の自動車メーカーに返り咲いたのである。企業にアクシデントが起これば、まず社長が出る。それが誠意であり、事態を収拾する最短、最上の方法であることを、豊田社長の事例から学んだ。

CEOの覚悟をいろいろ語ってきたが、社長の責任の取り方について思うところがある。特に、人の命を支える食品メーカーのトップは常に消費者の心と体の安全、安心と向き合わなければならない。良心と正義感を持つことが大前提である。それでも、ひとたびコトが起こった時のＣＥＯの責任の取り方をどうするか。私なりに整理してみた。

①商品が消費者の死亡事故につながった場合は、解雇である。
②法令に違反する不正行為で会社に損失を与えた場合は、解任である。
③ハラスメント、不正労働などでブラック企業の烙印を押された場合は、自らの意思で退任する。
④株主に対して経営計画の提示を行い達成できなかった場合は、特別な客観的理由を除き、執行力不足で退任する。

大雑把な言い方だが、それぞれの細かい事情を勘案していてもキリがない。「企業の品格」を代表するＣＥＯの生き方として、最低、この程度の覚悟は必要と考えている。

社員のコンプライアンス。怖い「写メール」による摘発。

ガバナンスにとって大切なコンプライアンスの管理・監督はトップだけの仕事ではない。社員一人一人が会社を代表しているという意識を持って自らを律することが大事だ。スマホ文化が浸透して、世の中全体が監視下に置かれている時代である。いつ、どこで、誰に見られているか分からない。大変便利なコミュニケーション・ツールである「写メール」だが、これが恐ろしい摘発手段に早変わりする。芸能人のような人に見られることが仕事の人は別として、一般市民や企業の社員が対象になると困った問題が起きる。

わが社は、クールビズのために全社員に「ひよこちゃんシャツ」を配って着用させたことがある。白いポロシャツの胸元に、チキンラーメンのキャラクターである黄色いひよこが縫い取りされている。一目で日清食品の社員と分かる。

「お宅の社員が飲み屋で大声で騒いでいる。迷惑だからやめさせてくれ」というメールがきた。

「電車の優先座席にひよこシャツを着た若い社員が座っている。けしからん。ちゃんと社員教育をしているのか」というのもある。

「社用車に乗った社員が公園でもう二時間も寝ている。注意した方がいい」というご親切な写メールまである。

また、会社名が入った社用車の運転手が、缶コーヒーを飲んだ後、窓から捨てたというメールが来た。マナーが悪いというお叱りと一緒に、車のナンバーを記載してあった。いずれも、すぐ本人に注意した。

私がなぜこんな細かいことまで知っているのか不思議に思われるかもしれない。実は、私のスマホには毎朝、会社に届いたカスタマーメールのうちクレームに関するものが自動転送される仕組みになっている。食品メーカーにとって一番大切なのはアクシデントに対する早期対応である。タイミングが遅れると健康被害が広がったり、悪い風評がたつ。だから私は必ず朝一番にメールに目を通し、必要な場合は担当者に対応を指示することにしている。

ある支店が入居しているビルのオーナーから私宛にメールがきた。「エレベーターホールに荷物が置かれていて困っている。消防法違反だからきれいに片づけてほしい。何度言っても態度が改まらない」という苦情である。支店長を呼びつけて注意した。「あっという間にきれいになりました」とお礼のメールをもらった。

私は、本社、支店、営業所を問わず、どこに対しても、「エレベーターホールには物を置くな」ときつく言っている。ある地方のスーパーで寝具に放火されて火災が起きたことがある。エレベーターホールに物が置かれていて防火用非常ドアが閉まらず、死亡事故につながった。刑事責任を問われて社長が退任に追い込まれた。そんな事例があったからである。

昔は、若い人が少々騒いでも笑って許すという寛容さがあった。野放図さも若さの特権として許された。寂しいことだが、もうそのような羽目を外す時代は終わったのかもしれない。企業市民として生きる以上、法令順守は当然のことである。若い社員にはモラルを含めた社会的規範を守るという基本から教えなければならなくなった。

CSRは企業活動そのもの。経済効率よりエコを優先する。

CSR（企業の社会的責任）の一般的解釈は、企業活動で得た利益の一部を本業以外の部分で社会還元していくことである。わが社でも、「公益財団法人安藤スポーツ・食文化振興財団」の活動を通じて、子供たちの心と体を健全に育てるための支援をしている。また、創業五十周年を迎えた二〇〇八年からは、全社員が参加して、五十年間に百の社会貢献をする「百福士プロジェクト」を進めている。社会と共存するうえで、このような活動は大切だと思う。しかし本来、企業の社会的責任は、商品や事業活動そのものが価値あるものとして世の中に評価されることである。それを前提としないCSR活動は意味がない。食品メーカーの社会責任とは、人の命を支え、地球環境のサステナビリティ（持続可能性）に貢献することに尽きる。それを通常の企業活動の中で実現していきたいと思っている。

一番大切なのは地球を守るための環境対策である。重要な施策が七項目ある。

①LCA（ライフサイクルアセスメント）

②カーボンフットプリント（二酸化炭素の足跡）
③オリジナルカロリー（食料から摂取するエネルギーを計算する際に、畜産物などについては、四大穀物など飼料として消費されるエネルギーに換算して算出するエネルギー量）
④バーチャルウオーター（仮想水）
⑤環境税制（地球温暖化対策として化石燃料のCO_2排出量に応じて課税するもの）
⑥生分解（プラスチックを土に戻す技術）
⑦ダイオキシン（焼却炉など廃棄物処理での発生抑制）

解決すべき因子はたくさんあるが、経済効率より最適なエコを優先するという企業スタンスで取り組んでいる。

二〇〇八年に制定した「日清食品ホールディングス環境憲章」では、LCAの考え方を基本として導入している。原材料から、生産、物流、消費者段階での使用、廃棄に至るまで、商品のすべてのライフサイクルでの環境負荷を低減するために、CO_2排出量、エネルギーや水の使用量、廃棄物量を測定し、その削減に取り組んでいる。たとえば、カップヌードルの容器は日本、中国、香港、タイ、米国の一部で、EPS（発泡ポリスチレン）容器から紙カップ（ECOカップ）に切り替えた。今後、ブラジル、欧州などにも展開していく。

紙カップ以外で地球に一番やさしいのは、やはり生分解性の容器である。生分解とは、単にプラスチックがバラバラになることではない。微生物や酵素の働きにより、分子レベルまで分解され、最終的には二酸化炭素と水となって自然界へと循環していく性質をいう。ＥＰＳなどの非分解性プラスチックの残渣《ざんさ》は、川や海に流れ込んだ場合、ビーズ状のマイクロプラスチックになって海面や海中を半永久的に浮遊する。これを魚や動物性プランクトンが誤食すると、消化管を詰まらせる被害が出る。土に戻すことが急務なのである。わが社でも、環境経営の中心的課題として、生分解性容器の開発・研究に取り組んでいるところである。

「カーボンフットプリント（二酸化炭素の足跡）」という言葉がある。一般的に企業の製品が販売されるまでの温室効果ガスの出所を調べて排出量を明らかにするもので、企業が「CO_2の排出によって地球環境を踏みつけた足跡」という比喩からきているらしい。ＬＣＡの計算式を使って算出する。船やトラックで原材料や製品を輸送した際のCO_2排出量などを細かく計算する。ガソリン輸送に代えて貨物列車で運ぶなどの対応をしている企業は多い。京都議定書では温室効果ガスを排出枠の対象にした国単位の取引を認めているが、できれば排出権取引に頼らずに自力で削減する道を選ぶのが本道だろう。少しでもCO_2の足跡を消すことが大事になるが、究極の解決法はやはり「地産地消」ということになる。オリジナルカロリーベースで食料自給率が三九％の日本では遠い道のりだが、国家戦略として取り組む課題である。わが社では、二〇二〇年の中期環境目標を省エネルギー・地球温暖化対策に置き、事業活動に伴う温室効果ガス（CO^2）排出量を二〇〇五年比三〇％削減することにした。

「バーチャルウオーター」という概念がある。仮想水とでも訳すのだろうか。別名「ウオーターフットプリント」とも言われる。食料を輸入している国で、もし自分の国で同じものを生産するとしたら、どれくらいの水を使うかを推定したものである。たとえば、アメリカの統計では、一キロのトウモロコシを作るのに九百リットルの水が必要であり、牛肉一キロ作るのに一万五千リットルの水が必要になる（Water Footprint Network）という。東京大学生産技術研究所の沖大幹《おきたいかん》教授らの研究グループは、「日本の仮想水量は、世界最大」とはじき出している。主要穀物五種（大麦、小麦、大豆、トウモロコシ、コメ）と、畜産物三種（牛肉、豚肉、鶏肉）の輸入で、日本の仮想水は年間六二七億トンに上る。国内の農業用水使用量は約五七二億トンなので、それを上回る規模になる。日本は水の赤字大国なのである。世界には水資源の枯渇から食料危機に苦しんでいる国がたくさんある。今後は、穀物にしろ、肉にしろ、安いところから買うのではなく、生活している地域のものを食べるという「地産地消」の促進と、肉食偏向にとって代わる大豆で作った「ソイ・ミート（Soy Meat）」の普及が必要になる。

第三章　安心が「究極のおいしさ」である。

すべての「メンタル・ハザード」を取り除く。

私はカップヌードルを一番食欲がわいて、食べた後に一番満足感の味わえる食べ物にしたいと考えている。「デリシャス（おいしい）」だけではない。世界中の誰もが「カンファタブル（心地よい）」と感じる食品を完成させたい。食べ物はおいしいだけではだめなのである。食べ過ぎたら体に悪いのではないかとか、何か有害な物質が入っているのではないかとか、少しでも不安が伴えば加工食品としては失格である。不安が「メンタル・ハザード（心理的障害）」になって、食べる楽しさとおいしさを奪ってしまうからである。たとえば、消費者が日常的に摂取していて漠然とした不安を感じているものに、化学調味料、保存料、着色料などの食品添加物、塩分、脂肪分などがある。日本の食品衛生法やＪＡＳ（日本農林規格）は世界的にもたいへん厳しい安全基準でできており、体に悪いような添加物は認められていない。しかし、消費者のコンシャスは違う。塩分、脂肪分の取り過ぎに健康不安を感じ、添加物の削減を求めるニーズは根強い。

消費者はインスタントラーメンを添加物の固まりだと思っている。「その通りです」と言ってしまっては身もふたもないが、加工食品とはもともとそういうものである。インスタントラーメンも化学調味料、フレーバー、かんすいなど、さまざまな添加物のおかげで、簡便でおいしく、しかも低価格な商品として量産化できている。効率的という意味では最高の食品なのである。そうは言いながら、消費者心理を無視していてはビジネスにならない。消費者にとって何がベストかを考えれば、不安要因は一切ないほうがいいのに決まっている。私は今後、インスタントラーメンのおいしさ、価格、簡便性を維持しながら、あらゆるメンタル・ハザードを取り除くつもりでいる。安心感によってもたらされる「カンファタブル」とは医学でも生理学でもなく、心理学に属する極めて人間的な反応だと思う。食べるときくらいは、メンタルも解放されたフリー・ポジションに置きたい。安心して食べていただけることが究極のおいしさにつながるからである。それをカップヌードルから始める。

ＭＳＧを使わないで同じうま味を再現する。

その第一段階が化学調味料のグルタミン酸ナトリウム（ＭＳＧ）をゼロにする「Non-MSG」への移行である。ＭＳＧとは昆布、トウモロコシ、トマトなどから、天然のうま味成分であるグルタミン酸を工業的に生成し、ナトリウムと結合させたものである。一九六〇年代に米国で中華料理を食べた人が体調の不安を訴え、「中華料理店症候群」として問題になった。調理に使われたＭＳＧの安全性が疑われたのである。その後、ＦＤＡ（アメリカ食品医薬品局）は「根拠なし」の結論を出し、その他の学術的報告でも無害とされている。ごく一部に大量に摂取するとアレルギー反応を起こす人がいるという程度である。消費者の意識では、料理は天然の素材からダシをとるから安全で、同じ素材を使っていても、化学的に純粋化して結晶にした場合は添加物だから「自然じゃない」と言う。結晶物をパッパッと振るだけで同じおいしさが再現できるから「体に悪いのではないか」と思い込む。あまりにも便利すぎて、再現性の高い加工食品に対して、消費者は本能的に不信感を抱くものなのである。

そこで、ＭＳＧを使わないで、同じうま味を再現する方法はないかと研究してきた。発想を逆転させてみた。ＭＳＧの製造方法の一つに、天然のうま味成分を加水分解して「うま味エキス」を作る方法がある。このエキスの中にはグルタミン酸のほかに、さまざまなアミノ酸、不純物も含んでいる。ここからグルタミン酸を抽出して純粋化してＭＳＧを作る。ＭＳＧとは、うま味エキスを純粋化する技術の進化によって添加物になったものなのである。では、うま味エキスそのものを使用するとどうなるか。添加物ではなくなり、食品由来の抽出物となる。技術を逆に戻して、不純物化した状態で使うという発想だ。

ＭＳＧには独特なうま味の「伸び」があり、それをうま味エキスで再現するのはやさしい技術ではない。ＭＳＧを作るよりよほど手間がかかる。しかしそれが可能になった。さらに、ＭＳＧ入り（MSG-Add）か、不使用（Non-MSG）かを判別する分析技術も完成している。解決すべき課題は残っているが、ＭＳＧに匹敵するうま味は再現できた。ＭＳＧの受容性の低い欧米とインドではすでにNon-MSG商品を販売中である。

米国日清では、二〇一六年九月十五日、現地で製造販売している「カップヌードル」の大幅なレシピ変更を発表した。内容は、「減塩、ＭＳＧ無添加、人工合成香料の不使用」の三点である。「カップヌードルにどんな改良を求めるか」という消費者調査を実施した結果、「本来の味と値段を変えることなく、この三点を改善してほしい」という意見が最も多かったことに対応した。カップヌードル商品群のうち主力三商品は二〇％減塩、その他は一五％減塩する。ＭＳＧは無添加とする。ただし、醤油やトマト、赤トウガラシなどの天然原料由来の少量のＭＳＧは含む。人工合成香料の使用をやめ、ターメリック、パプリカ、ライムなど自然由来の香料を使用する、こととした。米国はウエルネス社会と呼ばれるほど健康志向が強く、スーパーなどの流通店舗も、そうした商品を優先的に採用する傾向にある。この変更によって、カップヌードルの取り扱いスーパーも拡大する結果につながった。レシピ変更は消費者の強い意向に沿うものであり、マーケティング戦略にとっても歴史的な決断だったと思っている。近い将来、世界のカップヌードルはすべて「Non-MSG」に集約される日が来るだろう。

カップヌードルは「天然物由来」になる。

また、中華めんと称されるラーメンには独特なコシと風味を作る「かんすい」が使われる。一説には約千七百年前に中国の内モンゴルにある塩湖のアルカリ塩水で小麦粉をこねたところ、弾力があり舌触りのよいめんができたという話を始原としている。めんの伝播とともに日本はもとより、世界中に広がった伝統的な中華めん製剤である。現在、「かんすい」としては工業的に作られた炭酸カリウム、炭酸ナトリウム、リン酸塩を使用している。健康上問題はないとされているが、一部でリン酸塩がカルシウムの吸収を妨げるのではないかとして、不安を持つ人がいる。量的に問題はなくても、メンタル・ハザードが存在する以上は対応しなければならない。カップヌードルでは、工業的に作られた「かんすい」の使用を中止する。代わりに、水に溶けて強いアルカリ性を示し、「かんすい」と同じ効果がある天然由来の添加物に置き換える。たとえば、ホタテ貝や鶏卵の殻などを高温で焼き、微粒子に粉砕した「焼成カルシウム」で代替していく。本来、廃棄されるような資源の再利用、有効利用にもつながる。また、炭酸塩鉱物の一種である内モンゴル産の岩塩を使用することによって、わが社独自のラーメン風味豊かな「天然かんすい」を作り上げる。

厚生労働省が使ってもよいとしている食品添加物は、「指定添加物」「既存添加物」「天然香料」「一般飲食物添加物」の四種類に分かれる。カップヌードルにはこのうち、天然物を原料とする「既存添加物」「天然香料」「一般飲食物添加物」だけを使う。食品安全委員会による安全性の評価を受け、厚生労働大臣が使用してよいと定めた「指定添加物」はあえて使わない。MSGを始め、その大半が化学的合成品だからである。うま味については、指定添加物を使用しない代わりに、チキンやポークのエキス、醸造醤油、昆布エキス、酵母エキス、糖類、天然香料などを用いることで補完する。これによって、将来、カップヌードルの素材は天然物由来に絞り込まれることになる。そのプロセスは三段階に分けて進めていくつもりだ。

「Non-MSG」を第一段階とする。
「化学調味料不使用（無化調）」を第二段階とする。
「天然物由来」を第三段階とする。

味とおいしさをいま以上に高めて、価格は変わらないようにする。完成した新しいカップヌードルは「Natural Cup Noodles」に進化することになるだろう。

私がここまでこだわるのは、カップヌードルは「ミール（食事）」だからである。インスタントラーメンは昼食、夜食、間食として食べられることが多いので、スナックという感覚が強いが、カップヌードルは実は、簡便ではあるが、おいしさ、中身、栄養バランスにおいて食事形態そのものだと考えている。断じてジャンクフードなどではない。だから、これからも人々の嗜好を先取りして、どんどん健康的な食事に変貌していかなければならないのである。

また、カップヌードルはグローバルで、オール・ターゲットの商品で、カップめんとしては世界のトップ・ブランドである。わが社の経営を支えている中核商品のブランドコンセプトをここまで劇的に変えていいものか。迷いに迷ったが、世の中は「Natural」にシフトしているという確信がある。カップヌードルでスペック変更を実施すれば、これが新しい世界標準になる可能性がある。インスタントラーメン業界にとどまらず、加工食品業界全体に波紋を広げることになるだろう。しかし、私には時価総額一兆円企業に飛躍するというコミットメントがある。それを実現する最初のステップとして、消費者のメンタル・ハザードを取り除くことが何としても必要なのである。

創業者なら、きっと「バカヤロー」と言うに違いない。

「コストは高くなるのか？」

「ちょっと上がります」

「けしからん、努力が足らんな」

多分、それで会話は終わり。

あとは、必ず成功して、グローバル・スタンダードにする以外にない。

五年で一五%の減塩をガイドラインに。

塩分の削減にも挑戦する。

塩分の取り過ぎは高血圧、心臓病、脳卒中などの生活習慣病の原因になる。最近は、胃がんや骨粗しょう症、認知症を引き起こすとも言われている。いったん、塩分はよくないという意識を持つと、おいしいと思って食べていたものが、今までより「塩辛いな」と思うようになる。塩は安くて、おいしい。調味料の働きとしては一番効果がある。やっかいなことに、MSGに塩を足すとさらにうま味が増す。だから、どうしても使いすぎてしまう。甘味には代替できるものがたくさんあるが、塩にとって代わる味覚成分を探すのは極めて難しいのである。

日本は減塩対策については全くの後進国である。厚生労働省によると、二〇一四年における成人（二十歳以上）の一日当たりの食塩平均摂取量は男性一〇・九グラム、女性九・二グラムだった。男女とも三十代を底値とし、六十代までは歳と共に摂取量が増加している。歳を重ねるに連れて濃い味付けを求めて食べていることになる。世界保健機関（WH

〇）は世界中の人々の食塩摂取目標を一日五グラム未満としている。厚生労働省が定めている日本人の目標値は成人男性八グラム未満、成人女性七グラム未満である。まだまだ世界とは大きな開きがある。

米国の試算データによると、全国民の一日の食塩摂取量が三グラム減れば、一年間の心筋梗塞が五〜十万人、脳卒中が三〜六万人、全死亡者も四〜九万人減り、医療費は一兆〜二・五兆円少なくなるという（国立循環器病研究センター、二〇一五年五月一日付ホームページより）。減塩先進国の英国では、政府が加工食品の減塩に積極的で、食品業界に自主目標を設定させた。その結果、二〇〇五年から三年間で一〇％の削減に成功し、医療費も年間二千六百億円減った。ちなみにその間、チーズの塩分は一・七グラム、ケチャップの塩分は一・八グラムも減ったが、消費者はその変化に気が付かなかったという。

食品業界の減塩対策は、英国のように、まず国が明確な目標値となるガイドラインを設定し、国民運動として盛り上げなければ成功しない。日本人の塩分摂取量の六〇〜七〇％が醤油、味噌などの調味料を中心にした加工食品から取られている。消費者庁の食品表示基準により、二五％以上減塩したものに限って「減塩商品」として表示できるようになった。つまり高血圧が心配な人は減塩商品を買えばいいと言っているだけで、部分的な対処でしかない。加工食品のおいしさのバランスは繊細で、二五％もの減塩を一気にやってしまうと、今まで食べなれてきたものとあまりにも味が違い過ぎて、おいしさも失われる。

病人向けの商品ならともかく、万人向けの加工食品としての価値を失う。特に塩分の辛さは絶対的なものではなく、相対的な比較の中で感じられるものである。消費者に受け入れられるためには、時間をかけて段階的に減らしていく。しかも業界が足並みそろえて取り組むことが必要だ。

私は常々、五年間で一五％の減塩をガイドラインにしてほしいと国に要望している。世界ラーメン協会（ＷＩＮＡ）の加盟社にもこれを共通の減塩目標にしようと呼びかけている。商品にもよるが、加工食品の場合はこの辺りが消費者に違和感なく受け入れられるぎりぎりの減塩ラインではないかと思っている。

人間にはいろいろな味覚があるが、塩分にだけは異常に高い感度を持っていて、はっきりと判別、識別できる能力がある。一方で麻薬的な常習性が高く、放っておくとどんどん過剰摂取になっていく。理由はおそらく、人間が胎児の時に母胎の羊水の中で育ったからだと思う。羊水は海の水と同じ成分を持ち、塩分濃度は〇・八％である。胎児は単細胞の精子と卵子が結合し、人類が進化した約三十億年の過程を経験しながら成長する。羊水の中に九～十か月間滞在し、人類三十億年を追体験して味覚学習してきた体は、一生塩の味から逃れられないのである。

不思議なことに、日本は他の先進国に比較して食塩摂取量が多いのに、世界有数の長寿国として評価されている。魚や大豆など、良質のタンパク源に恵まれていて、食生活のバランシングに優れているからだろう。それならなおさら、国家的プロジェクトで減塩を進めれば、いずれは健康寿命百歳を超える世界で最初の「未病大国」になることは間違いない。国に大胆な政策を期待する。

時代が変われば「イミテーション」が「ヘルシー」になる。

最近、ニューヨークのレストランで「大豆ステーキ（Soy Steak）」がメニューに並んでいる。脱脂大豆を食肉風に加工調理したステーキである。ビーフステーキより低脂肪、低カロリーで値段も安い。有名シェフが料理したものなら、きっと本物と区別がつかないほどおいしいのではないだろうか。気の利いたソムリエが「ソイ・ビーフにはやさしいミディアム・ボディのオーガニックの赤が似合います」などとワインとの相性の良さをアピールすれば、ブームに火がつく可能性もある。

大豆タンパクを加工した食品は昔からあった。おもに食感を高めるためにハンバーグ、ハム、カマボコ、餃子などに練りこまれたが、健康にいいという評価より、イミテーションのイメージが強かった。これからは違う。肉は食べたいがコレステロールや中性脂肪が増えるので嫌だという人が増えている。メンタル・ハザードが起きているのである。大豆タンパクならヘルシーで、安くて、おいしい。そんなイメージが消費者の間に定着すれば、間違いなく売れる。

大豆は別名「畑の牛肉」と称される。文部科学省の「日本食品標準成分表」によれば、可食部一〇〇グラム当たりのタンパク質量は牛肉を上回る。しかも、米に少ないリジンなど体内で作ることのできない必須アミノ酸九種類をはじめ、人が必要とするアミノ酸二十種類すべてを含む最も重要なタンパク源なのである。生体調節機能としては、まず血中コレステロールを低下させる。大豆オリゴ糖がビフィズス菌を増殖させて腸内環境を整える。そして骨粗しょう症を抑制する。肥満予防効果がある。中性脂肪、内臓脂肪を低減する。そして何よりも安価である。固形分のキロ単価では牛肉約千円に対し大豆約二百円と五分の一である。こんなすばらしい素材を食品として利用しない手はない。

脱脂大豆は大豆から大豆油を抽出した後に残るもので、用途としては食料用以外に動物の飼料として使われる。肉・卵・魚などのカロリーを計算するのに、それを生産するのに飼料として必要な四大穀物のカロリーで換算したものを「オリジナルカロリー」という。たとえば牛を飼育し、牛肉一キロを得るのに穀物飼料が一二キロ（十二倍）いる。豚肉は八キロ（八倍）、鶏肉は四キロ（四倍）である。日本植物蛋白食品協会ではこれを植物タンパク資源の浪費につながっていると指摘している。私も同感である。原材料を小麦粉に依存する日本即席食品工業協会の理事として、人間の命を支えている作物を人間が直接食べずに、餌として家畜に与えてから畜産物として食べるのは非効率的だと思う。ましてや、バイオ燃料化するために穀物が不足し、市場価格が高騰するなどはもってのほかと訴えているところである。

今後、インド、中国に代表される途上国の経済成長と人口増加により、どんどん肉食化が進むと食糧需給がひっ迫するのは目に見えている。二〇五〇年に人口九十二億人になると穀物は二九・三億トン、二〇〇〇年比でプラス一一・五億トンの生産増加が必要になる（農水省「二〇五〇年における世界の食料需給見通し」）。そうなると、食肉よりも圧倒的にカロリー効率の良い植物タンパクが必要になるのは明らかだろう。今後、国家的な食糧政策として進めるべき重要課題と思っている。我田引水になるが、インスタントラーメンに使用する小麦は一キロの原材料が全粒粉ベースでほぼ同じ一キロのめんになる。食糧危機が起これば、これほど貴重な食糧源はない。かつて、ＷＩＮＡ（世界ラーメン協会）で掲げた「インスタントラーメンが地球を救う」というスローガンは、大げさでも何でもないのである。

私は、タンパク加工技術に将来の夢をかけている。イミテーションと言われても大いに結構。ヘルシーでおいしいソイ・ミートを作るための技術開発に取り組む。課題はいろいろあるが、食感をより食肉に近い構造にするためのタンパク結着技術や、畜肉の風味を生み出すフレーバリング技術、そして、大豆臭などの植物由来の風味を消すマスキング技術などの研究を続けている。生活意欲が旺盛で、「アクティブ・シニア」と呼ばれる高齢者に向けては、アンチエイジング（老化抑制）やＰＦＣバランス（一日の食事で取るタンパク質・脂肪・炭水化物のバランス）を改善するタンパク加工食品の開発に取り組んでいるところだ。すべて二〇二〇年までに成果を得ることができるだろう。

きれいな腸内フローラを咲かせよう。

人間の体内に存在する腸内細菌の種類は五百〜一千種類、細菌数は五百兆〜一千兆個、総量は一・五キロで人体最大の臓器とされる肝臓並みの重さなのである。人間の細胞の数が約四十兆個だから、その天文学的な数に圧倒される。十年ほど前には一人の腸内に百兆個と言われていたのに、急に増えたのはなぜか。辨野《べんの》義己《よしみ》・理化学研究所特別招聘研究員によると、以前は人間の便を培養して調べていたが、その後、腸内細菌の七〇％が培養しても生きられないと分かった。腸内には酸素がなく、外界では育たない菌が多いからである。そこで培養ではなく、便の中から細菌の遺伝子を同定する方法が見つかったため、新しい菌がどんどん発見されているという（『日経ヘルス』二〇〇九年十二月号）。いろいろな細菌が腸の中で叢《くさむら》のように集合している様を「腸内菌叢」または「腸内フローラ」という。フローラはローマ神話の「花の女神」で、「腸内フローラ」という言葉はまるでお花畑のように腸内細菌が咲き乱れている様子を表していて美しい。

細菌は、ヒトが食べたものをエサにしながら住み着くが、好みがみな違う。ある食べ物を好む菌の糞《ふん》を、それを好む別の菌が食べ、その糞を、またそれを好む別の菌が食べる。食物連鎖が延々と続く。腸内フローラはこのような共生という環境下で形成されていく。赤ちゃんの腸は、母胎にいるときは無菌状態だが、産道を通る瞬間から多くの菌にさらされる。外界へ出てからは免疫力を高めるために、なんでも舐《な》めて菌を体内に取り込む。汚いと言ってやめさせてはいけない。赤ちゃんが生きていくための意味のある行動なのである。生後一年ほどすると腸内フローラが形成され、その構造は一生変わらないと言われている。

菌にはそれぞれ役割がある。人の体にいい働きをするのが善玉菌、悪い働きをするのが悪玉菌、この二つを合わせて腸内細菌の約三〇％を占める。残りの七〇％が日和見《ひよりみ》菌で、善玉菌が優勢なら日和見菌もおとなしいが、悪玉菌が強くなると日和見菌も一緒になって悪さを始める。三群の比率は二対一対七が理想と言われている。そういう良い状態にコントロールされていると、代謝や免疫機能が高まり、健康状態が維持される。便通も良好で、「黄色がかったバナナ状のうんちがつるりと出る」らしい。ちなみに、人間の便の約半分は腸内細菌と細胞の死骸である。

食品学では首から上、首から下という分け方がある。首から上は脳で感じる五感のことで、視覚＝色、嗅覚＝におい、味覚＝味わい、聴覚＝歯ごたえなどの音、触覚＝舌ざわりなどをさす。首から下は胃や腸の消化器官のことである。今まで私たちは首から上の五感で食欲を満たしてきた。加工食品もやはり五感にいいものが売れた。これからは健康管理のために首から下を大切にする人が増えてくる。腸内細菌と共存しているという意識が広がっていくだろう。

薬を服用した後に、その薬物が体の中でどのような動きをするのかを研究する学問を薬物動態学と呼ぶ。薬学特有の学問の一つで、医薬品メーカーにとってはごく常識だが、私はこれを食品の研究に応用できると考えている。

薬学では、薬が人の体内に入ったあとの「生体内動態」を明らかにするＡＤＭＥ（アドメ）と呼ばれる指標がある。

「吸収（Absorption）」＝効果的な成分を血中やリンパ液中に吸収する働き。
「分布（Distribution）」＝有効成分が血液から組織・細胞に移行する働き。
「代謝（Metabolism）」＝酵素により新しい物質に分解合成される働き。
「排泄《はいせつ》（Excretion）」＝老廃物を体外に排出する働き。

食品メーカーにとっても、今後、腸内細菌はもとより、新しい食品開発を行う際にはＡＤＭＥを考慮して設計する時代になると確信している。

人間は自分の「体内工場の経営者」である。

人間は自分の「体内工場の経営者」だと考えたらどうだろうか。働いているのは腸内細菌である。彼ら、とくに善玉菌にいい働きをしてもらうために、経営者として給料を支払わなければならない。彼らが喜ぶ食事はファイバーである。人間の消化器官では消化できないが、彼らはせっせと食べて分解し腸内を清掃してくれる。オリゴ糖も大好きである。オリゴ糖はビフィズス菌などの善玉菌を増やし、さまざまな生理活性作用に貢献する。動物性食品は消化吸収されやすくコレステロールや脂肪を増やしてしまうが、大豆食品はまったく逆に、血中コレステロールを低下させ、肥満を予防し、中性脂肪を低減する。その代表格が納豆である。首から上の五感で好きなものだけ食べて、たまたま健康で生きられたらそれに越したことはない。しかし、なかなかそうはいかない。腸内細菌のために食事をとるという発想の転換が必要になる。

体内工場からアウトプットされる最終製品は「フン」、すなわちうんちである。健康かどうかは一目見れば分かる。便秘、下痢は不良品を作っていることになる。体内工場が美しいお花畑のような腸内フローラを形成していて、完璧にクオリティ・コントロールされていれば、そこでアウトプットされたものは、もはや「クソ」と言ってはいけない。人体が作り得る最高の芸術作品と認識すべきではないだろうか。

わが社の乳酸菌に対する取り組みは結構長い。グループ企業である日清ヨークでは、日本初の飲むヨーグルト「十勝のむヨーグルト」をすでに四十年以上前から販売している。また同社の「ピルクル」は乳酸菌飲料のCVSでの売上金額シェアー第一位である。歴史もあるし、特にここ数年は力を入れて、乳酸菌の研究に取り組んでいる。現在、赤ちゃんの便をもらって、約一千種類の菌のライブラリーを作り上げたところである。ビフィズス菌や多くの乳酸菌を酸素濃度の低い液体培地や嫌気条件下の寒天培地で育てている。株が違うと健康に及ぼす効果も違う。その中から有用なものがいくつか出てきた。新しい「有用菌」を発見する作業は骨が折れるが、首から下の健康を支える食品作りに、今後とも力を入れる。

たとえば、花粉症や通年性鼻炎の症状を緩和する強い抗アレルギー作用を有する「T－21乳酸菌」を発見した。正式には「ラクトコッカス・ラクティスT－21株」という。ツルコケモモの一種であるクランベリーの果実から採取したもので、通常の食生活や乳製品からはとれない貴重な乳酸菌である。この「T－21乳酸菌を含む食品」を花粉症患者に四週間摂取してもらった後、花粉曝露施設の中でスギ花粉を三時間にわたり曝露して症状の変化を見た。即時反応として、鼻のかゆみ、くしゃみの回数が軽減され、二日間の遅発反応では、鼻づまり、目のかゆみ、流涙が緩和された。さらに、花粉症以外にもハウスダストに反応する通年性鼻炎やアトピー性皮膚炎などのアレルギー全般に対しても効果が期待できる結果となった。なお、T－21株は東京農業大学岡田早苗教授がクランベリーから採取されたものを、わが社に分譲していただいたものである。

花粉症でお悩みの方は多いと思う。厚生労働省のホームページ「花粉症Q&A」によると、二〇〇八年時点で総人口の二九・八%というから、今なら患者数三千万人を超えることは間違いない。かくいう私もその一人である。春先のゴルフでは、涙ボロボロ、鼻はグズグズ、くしゃみが止まらないのでプレーにならない。負けた時の言い訳にはなるが、あまり楽しいものではない。だから、わが社の「the WAVE＝グローバルイノベーションン研究センター」（東京都八王子市）の腸内細菌研究スタッフが、保有している約一千種類の乳酸菌の中から「T－21乳酸菌」を発見し、花粉症に有効であることをヒト試験で検証できた時は、本当にうれしかった。「乳酸菌含有食品」として一度テスト開発した商品を、近くさらにグレードアップして発売する予定だ。

カップヌードルは断じてジャンクフードではない！

国は税収不足から、何とか消費者から徴税しようと知恵を絞るものである。酒税、たばこ税、ゴルフ場利用税、温泉の入湯税までいろいろある。今後、食品にも肥満税、脂肪税、糖分・塩分税など、いわゆる「ジャンクフード税」と呼ばれるさまざまな税金が課される可能性がある。

世界に肥満が広がっている。WHO（世界保健機関）ではBMI（Body Mass Index）が三十以上（日本では二十五以上）の状態を肥満とし、現在、世界人口の四分の一が肥満と発表している。肥満は多くの病気を招く。糖尿病、高血圧、脂質異常症などの生活習慣病と、これらの病気が重複して発症する、いわゆる「メタボリックシンドローム」である。WHOは肥満が国民の早期死亡を増やし、人口減や医療費の増大につながるとして警鐘を鳴らしてきた。そこで生まれてきたのが「ジャンクフード税」なのである。

二〇一〇年、ルーマニア政府は危機に陥っている保険制度に資金を供給し、肥満問題に対処するため、ファストフード、ソフトドリンク、菓子類などに課税する「ジャンクフード税」を発表した。税収は千三百億円（当時）を見込んだ。

二〇一一年、デンマークが「脂肪税」を実施。ジャンクフードではないが、肉、バター、牛乳、ピザなど、飽和脂肪酸が二・三％以上含まれる食品に、一キログラム当たり十六クローネを課税した。この法律は一年後の二〇一二年に廃止された。食料品価格の高騰を招いた上に、国民が近隣国ドイツで大量の買い込みをするようになって、何の効果もなかったからである。

二〇一一年、ハンガリー議会は砂糖、塩分が大量に含まれる袋入りスナック菓子、クッキー、炭酸飲料などを対象に通称「ポテトチップス税」を導入し、五～二〇％を課税した。同年、フランスは糖分摂取を減らすため炭酸飲料に「ソーダ税」を導入した。

二〇一四年、世界有数の肥満大国といわれるメキシコでは、一〇〇グラム当たり二七五キロカロリー以上の食品に八％のジャンクフード課税を実施した。新しい財源を確保するため炭酸飲料や菓子を対象にしたものだったが、現地のカップヌードル「ホットソース・カマロン」も課税対象になった。同商品はお湯を入れる前のドライ換算では「一〇〇グラム当たり四三七キロカロリー」である。これをもって税金を払えという話である。当局に対して厳重に抗議した。カップめんは手を加えず喫食する飲料や菓子類とは異なり、熱湯を注ぐ調理食品である。湯戻しした後のウエット換算での判断が適切ではないかと申し入れた。カップヌードルを計測すると、「一〇〇グラム当たり七六キロカロリー」になる。基準の三分の一だった。すったもんだの末、最終的には湯戻し食品としての区分が認められて課税対象から外された。「カップヌードルは断じてジャンクフードではない。立派なMEAL（食事）だ」と、これからも世界に向けて主張していくつもりである。

また最近では、二〇一五年四月、米国のアリゾナ州など三州にまたがる地域で、「ジャンクフード税」が施行された。この地域は先住民居留地の「ナバホ自治区」で、糖尿病患者が多く貧困率も高かった。なぜこの地が選ばれたか。実は九州の二倍ほどもある広大な土地に野菜などの生鮮食品がそろう大型スーパーが十店しかなかった。どうしても安くて手軽なファストフードに頼った食生活が多くなり、肥満や糖尿病が増えたという。ジャンクフード税の導入といっても、国によってその背景は異なるのである。私の知る限り、ジャンクフード税が肥満解消につながったという報告はまだない。

OECD（経済協力開発機構）の発表している二〇一四年の「世界の肥満度ランキング」（図15）によると、OECD加盟先進国三十四か国のなかで、一位は米国で、成人の肥満度比率が三八・二％（男三五・五％、女四一・〇％）だった。二位はメキシコで三二・四％（男二六・八％、女三七・五％）、日本は三・九％（男四・〇％、女三・八％）で最下位だった。しかし、安心してはいけない。日本では子供の肥満が急激に増えているのが心配される。同じOECDが公表している二〇一三年の調査によると、「オーバーウエイト（肥満含む）の子供の割合」を国別に比較したデータでは、日本は十五位で、男二三％、女一七％と成人より高くなっている。

さすがにこの数字では、日本政府もジャンクフード課税には踏み切れないだろう。しかし、肥満人口が確実に増加を続けている現状では、いつ浮上してもおかしくない。世界の先進国で、税収が行き詰まるとジャンクフード税が好んで検討されるのは、「肥満対策」「医療費削減」「税収アップ」という一石三鳥のお題目が並ぶからである。しかし本当に有効なのか。格差社会の広がる海外では、ジャンクフードは収入の少ない家庭ほど多く食べる傾向にある。生活を支えている必需品なのである。課税されて生活が圧迫されたら、も

世界の肥満度ランキング（OECD加盟国）　図15

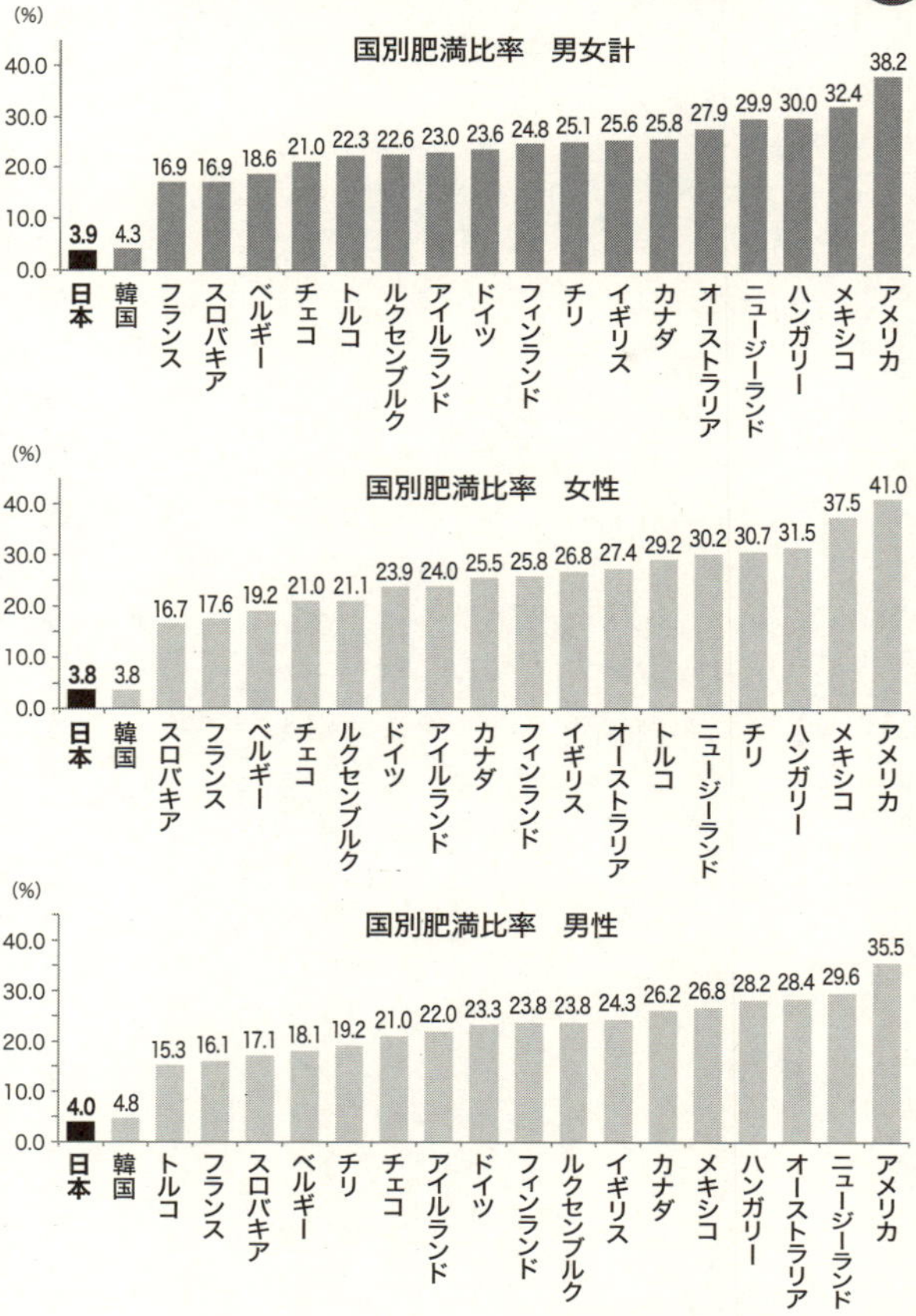

出典：OECD Health Statistics 2016

っと安くて質の悪いジャンクフードに偏っていく。そういう悪いスパイラルを招くリスクが指摘されている。ただ単に主婦に賛同を得られればいいという安易な課税はお断りである。

第四章
人工頭脳とロボティクスで日本再生。

二〇二〇年にGDPは確実に六百兆円を超える。

楽観的過ぎると言われるかもしれないが、私はアベノミクスの掲げる「二〇二〇年にGDP六百兆円」という目標をクリアーするのは確実だと思っている。日本の人口が一億二千万人として、国民一人当たりGDPは約五万ドルになる。長い間置き去りにされてきた国民の生活水準は世界の先進国の中でもトップクラスに向上するはずである。ただし、その成長戦略のプロセスには私なりの条件がある。以下の四つを掲げたが、その一つひとつが、わが社が時価総額一兆円企業に成長するために必要なバックグラウンドでもある。

①二〇二〇年までに、日本は世界一テロの少ない安全な国になっていること。

②人工知能（Artificial Intelligence＝以下ＡＩ）とロボット工学（Robotics）が融合し、日本の産業再生プロセスを動かすエンジンになること。

③安い労働力を求めて海外に工場移転（Offshoring）していた日本企業が、生産性の向上した国内に生産回帰（Reshoring）すること。

④日本特有の文化と日本人の気質が世界で評価され、日本をハブとしたグローバリズムが展開されること。

もともと日本の製造業はロボットやセンサーや光ファイバーやさまざまな情報通信技術（ICT）をお家芸としてきた。なかでも、産業用ロボットの世界シェアーは五〇％を超える。世界に誇る「ロボット大国」なのである。そんな強みを統合していけば、日本の将来はバラ色のはずである。インスタントラーメンの生産ラインにもロボットが働いている。省力化、自動化によるコストダウン効果は目を見張るばかりである。ここで生み出されるデータをデジタル化し、工場内から世界中の関連工場につないでいけば新しい生産システムの高度化が実現できる。さらに、デジタル・ネットワークを通じて顧客データに溢れているクラウド・コンピューティングと双方向通信が可能になれば、商品開発やマーケティングの領域で革新が起こるだろう。将来、AIとロボット技術の進化がどのような社会を作り出すのか、想像するだけでもわくわくするのである。

「第四次産業革命」で日本は最強国になれるのか。

AIとロボットで産業構造を革新するという掛け声は、耳にタコができるほど聞いてきた。しかし、何をどのように進めるかという具体的プロセスや効果については、関連する技術、システムの領域が広すぎて正確につかみ難かった。私が描くイメージはこうである。

工場では、ＡＩがインターネットにつながり、膨大なビッグデータを取り込んで限りないインテリジェンスに成長していく。一方で、ロボットはＩＴやセンサー技術を応用して限りない進化を遂げていく。両者が一体になることによって全く新しい生産システムが生まれ、調達・生産・流通の自動化、最適化された「スマート工場」が実現する。生産コストは大幅に削減される。日本企業は国際競争力の原点である「高品質、低価格、安全性」の三点セットで圧倒的優位に立ち、再び世界をリードすることになる。ＧＤＰ六百兆円などは、ほんの通過点に過ぎなくなるのではないだろうか。しかし心配の種がある。肝心の日本政府の取り組みが遅れていることである。陸上競技でいうと、周回遅れ寸前の状況である。

世界で最初にＡＩとロボットを生産現場で活用し、新しいビジネスモデルを作ることを国家戦略としたのはドイツだった。二〇一三年四月、メルケル首相がテコ入れして「インダストリー四・〇」という国家プロジェクトを開始した。二十一世紀にドイツから第四の産業革命を起こそうという意気込みである。第一次産業革命は蒸気機関である。第二次産業革命は電気とモーターである。第三次産業革命はコンピュータである。これから起こる第四次産業革命は人工知能だというのだ。参加企業はシーメンス、ロバートボッシュ、フォルクスワーゲン、ＢＭＷ、ダイムラーなどトップ企業である。ＡＩとロボットとインターネットを核に、いずれは、ドイツのすべての工場をデジタル・ネットワークで結び、生産や流通を最効率化する計画である。この取り組みで、二〇二五年までに十一兆円、経済成長率を一・七％押し上げる効果を試算している。

これに対抗して米国は、二〇一四年三月、GE、IBM、インテル、シスコシステムズ、AT&Tの五社が先導して「インダストリアル・インターネット・コンソーシアム」を設立した。二〇一五年十一月時点で、シリコンバレーのトップ企業、中小ベンチャーなど二百二十社以上が参加している。こちらはIoT（Internet of Things＝モノのインターネット）を核にしたデジタル・ネットワークの通信環境を標準化することで世界中の産業が同じテーブルに乗る「グローバルプラットフォーム」を作ろうとしている。オープンな国際連携を目指している団体で、すでに、ドイツのインダストリー四・〇参加企業も製造とネットワークの接点を求めてこのプロジェクトに加入し始めている。日本からも日立製作所、三菱電機、トヨタ自動車（米国法人）などが参加した。ドイツはもの作りのデジタル化で製造現場を革新し、米国はIoTのネットワークで新たなビジネスモデルを作ろうとしている。それぞれ得意の分野で成長戦略を描いているのである。

二〇一五年五月、こうした技術を喉から手が出るほどほしい中国は「中国製造二〇二五」を立ち上げて、七千五百億円のファンドを設立した。ドイツに急接近し、政府間協力文書に調印しただけでなく、すでに、インダストリー四・〇の規格（スタンダード）を策定するためにドイツと共同作業に入っている。ドイツが中国主導のアジアインフラ投資銀行（ＡＩＩＢ）に、どこよりも先に参加表明した背景にはこのような技術交流の思惑があったとされている。

これが世界の潮流である。このままでは日本企業は、新しいルールや標準化を進めようとしている海外企業から完全に取り残されてしまう。そんな危惧を抱いていたところ、ようやく政府の方針がまとまった。

二〇一六年五月十九日、アベノミクス成長戦略の第二ステージの鍵として「第四次産業革命の実現」（素案）の方針が示された。「ＩｏＴ、ビッグデータ、ＡＩ、ロボットで二〇二〇年に三十兆円の付加価値創出」を目指し、そのために「第四次産業革命官民会議」を設置すると発表した。キーワードは並んでいるが、具体的な中身はない。残念なのは、「第四次産業革命」という名称が、ドイツの「インダストリー四・〇」を直訳しただけで、世界をリードしていくという日本らしい戦略が少しも感じられないということである。これでは私の考えている「世界の最強国」になるという道のりは遠い。安倍総理は会議の席上、「大きなチャンスである反面、乗り遅れれば日本の主要企業が世界の先行企業の下請けとなり、日本経済全体にとってピンチとなる」（首相官邸ホームページより）と危機感を語っているので、今後、官民あげて改革に取り組み、「もの作り日本」の再生につながることを期待している。

AIが白血病患者の命を救った。

二〇一六年三月、囲碁の世界王者がAIに敗れるというニュースが世界中に流れた。米グーグルの子会社ディープマインドのプログラム「アルファ碁（AlphaGo）」を搭載したコンピュータが、韓国のイ・セドル棋士と対戦し、四勝一敗で勝った。日本の棋聖が「恐ろしいことが起きた」と絶句したそうだ。私も驚いた。囲碁は最も難度の高い思考ゲームと言われてきた。チェスでは一九九七年に、当時の世界チャンピオンだったロシアのガルリ・カスパロフが、米IBMのスーパーコンピュータ「ディープブルー」に敗れた記録がある。囲碁とチェスでは盤の大きさ、コマの数が全く違う。囲碁は手の数が多すぎてコンピュータでも計算しきれないと言われていた。ところがグーグルが使ったのは今までとは別次元の技術だった。解説記事によると、白と黒の碁石の配置をパターン認識で読み取り、対局の進展具合を正確に判断し、さらに膨大なデータを分析して戦略を練ったらしい。AI自らが学習を繰り返して能力を高めていく「深層学習（Deep Learning）」と言われるAIの最も進歩した技術が駆使されたのである。

わが国では、二〇一六年四月、ショートショートと短篇小説の星新一賞において、AIが書いた作品が一次審査を通ったというので話題になった。受賞はできなかったが、応募資格に「人工知能も可」と表記された初めてのケースである。小説制作ソフトを作った佐藤理史・名古屋大教授によると、まず土台となる文章を人間が書き、名詞、形容詞、エピソードなどに分解し、それぞれの言葉のバリエーションを「部品」という形で多数用意し、「組み立て手順」に従ってＡＩが組み立てたという。産業用ロボットはすでに自動車を組み立て、ＡＩは車を自動運転できるまでに進化しているが、小説での可能性はまだこれからのようである。

二〇一六年八月、とうとうＡＩが白血病の患者の命を救った。東京大学医科学研究所に「急性骨髄性白血病」で入院していた女性患者が、米国ＩＢＭの人工知能「ワトソン」によって「二次性白血病」というタイプの異なる病気であると診断された。ワトソンは病名を特定しただけでなく、抗がん剤を別のものに変えるよう提案。治療が難航し、危険な状態だった女性患者は、数か月で回復し、退院したという。東大とＩＢＭは、がん研究に関連する約二千万件の論文をワトソンに学習させて、診断に役立てる臨床研究を行っていて、今回は女性の遺伝子情報をワトソンに入力すると、わずか十分間ほどで病名と治療方法を見抜いたという。二千万件の論文を学習し、そこへ、一人の遺伝子情報をクロスさせて診断する力は、ＡＩでなければ不可能である。今後、ｉＰＳ細胞による再生医療や臓器移植などへの本格応用につながっていくことだろう。

日本にはロボットと仲良くする文化がある。

野村総合研究所は、日本の労働者の仕事の四九%がAIやロボットで代替可能になるという調査結果を発表した(二〇一五年十二月)。また、経済産業省では、もしこのような時代の変化に対応しないで放置した場合、二〇三〇年には七百三十五万人の雇用が減るという。その内訳は「製造・調達」で二百六十二万人、「バックオフィス」で百四十五万人、経営や商品企画などの「上流工程」で百三十六万人の仕事が奪われるとした。逆に、改革がスムースに進めば、五百七十四万人分の新しい仕事を創出できるとしている(「新産業構造ビジョン~第四次産業革命をリードする日本の戦略~」二〇一六年四月)。

海外では仕事をロボットに奪われるという危機感を持つ人が多い。労働組合の形態が違うことが原因の一つかもしれない。日本は企業別労働組合で正規社員になると年功序列や定年制などの日本的経営に守られて、自分の職能とは異なる部門への配置転換もある。だが、海外は同じ産業や職業で働く人たちが企業横断的に組織する産業別労働組合なので、私はこの仕事しかできません、やりませんという人が多い。そこへロボットが現れたら、当然、自分の職を奪う敵になる。

なかでも、ドイツは移民の受け入れを積極的にやってきた経緯があり、工場で単純労働についている人たちにロボットに代表される自動化への不安が強いという。そんな不安を解消するため、二〇一五年三月、メルケル首相は自らシーメンスの工場を視察した。同工場は調達、製造、流通の七五％が自動化され、商品につけたタグが作業工程を指示するという徹底したスマート化を実現している。視察の後首相は、「同社ではロボットによって自動化が進んだ後も、創業時の従業員数千二百人が維持されている」と人々の不安を解消するコメントを残している。同時に、「労働者がより知的でクリエイティブな仕事に移行できるよう教育、再教育が必要だ」と強調した。首相自らが、国民の不安解消に努めているのがすばらしい。

私はＡＩとロボットとヒトとの関係については楽観的である。多くの日本人が手塚治虫の「鉄腕アトム」で育っている。「鉄人28号」や「機動戦士ガンダム」が大好きである。彼らは常に人間の味方だった。日本ではオフィスでＡＩに監視されたり、ロボットに仕事を奪われたりするのではないかと心配する人はほとんどいない。むしろ、ロボットが働いてくれるのなら、仕事が楽になっていいと考えている人のほうが多いのではないか。日本にはロボットを抵抗なく受け入れるという「精神的インフラ」がすでにでき上がっている。こんな国は世界中どこにもない。ＡＩと共生し、ロボットと仲良く働くという日本人の融和的な資質が発揮され、世界に先駆けて、産業革命と呼ぶにふさわしい新しいビジネスモデルを構築できればすばらしいと思う。

インスタントラーメンもAIとロボットで進化する。

ファナックの巨大ロボットが動く映像を見て驚いた。

一台のロボットが一トンを超える自動車の車体を持ち上げて、くるくる回して巧みにハンドリングしながら部品を組み上げていく。今までのように、部品素材がベルトコンベアに乗って流れてきて順番に組み立てられる流れ作業の時代は終わった。重い鉄のかたまりを持ち上げ、「ウィーン」という音をさせて移動する。早く動き過ぎてかたまりが飛んでいかないように、減速ギアでエンジンブレーキをかけているのである。ロボットはＩＣの眼を持っている。重い鉄のかたまりを一ミリ幅にピタリと置いていく。人の仕事を奪うというような次元の話ではない。人間ではそのような仕事はできないのである。

ファナックのロボットはすべて、同社のコーポレートカラーの黄色にペインティングされている。イエローロボットは同社の代名詞になっているくらいだ。ところが二〇一五年三月に、緑色に塗られたグリーンロボットが発表された。「協働ロボット」という名前がついている。従来のイエローロボットは安全柵に囲まれてその中で作業をしていたが、グリーンロボットは温度センサーで人を感知し、触れると停止するため柵を必要としない。それまで製造緑のソフトカバーで覆われているので衝撃を和らげ、人の挟み込みを防ぐ。それまで製造

図16 カニロボット

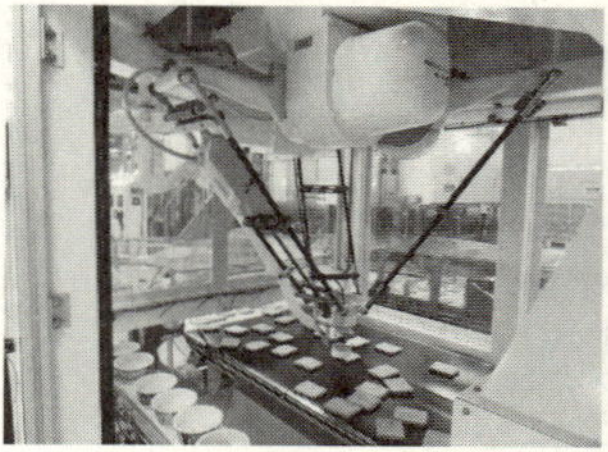

図17 エビロボット

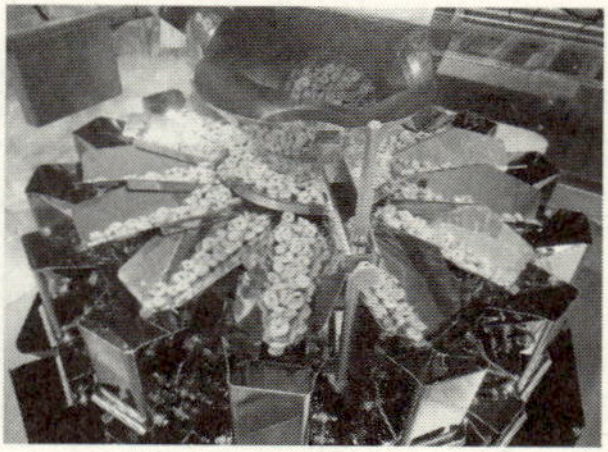

現場ではロボット化が難しい作業は人の手で行ってきたが、協働ロボットの登場で、人はロボットに手助けしてもらいながら一緒に働くことができるようになった。重たい荷物をロボットが人に受け渡したり、人から受け取った部品をロボットが自動的に組み立てたりする。いよいよロボットを仲間と呼べる日が来たのである。

日清食品静岡工場のどん兵衛の製造ラインには「カニロボット」（図16）が四台並んでいる。製造元のファナックでは「ゲンコツロボット」と呼んでいる。それぞれが三本のアームを持っていて、合計十二本のアームがいっせいに動いて、山積みされた「あげ」を一枚ずつ摑《つか》んではめんの上に整然と置いていく。その動く様子がカニの足にそっくりなので、いつの間にかカニロボットの愛称がついた。スピードと正確さでは人間の能力をはるかに超えてしまった。そこで働いていた人達はいなくなった。無人化したのである。カニロボットはやろうと思えば、一日二十四時間、三百六十五日働くことができる。

「疲れた」などと愚痴も言わない。人間の場合は腰痛や腱鞘炎《けんしょうえん》になる人が多かった。カニロボットはそこで働いていた人を追いやったのではない。人を単純労働と肉体的な負担から解放してくれたのである。

カップヌードルのFD（真空凍結乾燥）エビの充填ラインはもっとすごいことになった。こちらで働いているのは「エビロボット」（図17）という。ロボットという名前がついているが、実際は具材の重量を正確に高速度で計量するためのコンピュータスケールのことである。エビの充填スケールなので、エビロボットという愛称がついた。カップヌードル一食には標準二グラムのエビが入る。数にして七匹前後である。今まではこれを旧式のコンピュータスケールで計って入れていたが、目標値二グラムに対し多少のバラツキがあった。量が少ないと消費者からのクレームが来るので、どうしても多めになりがちだった。エビは高価な具材である。これをきっちりと二グラムに計量して充填できれば相当なコストダウンにつながる。難しいのは分かっていたが、担当者にガーガーと文句を言った。最後は、いつもの口癖が出た。

「なんとかせえ！」

カップヌードルと「スマートファクトリー」が輸出産品に。

すると、機械開発のスタッフが頑張った。外部メーカー製の旧型コンピュータスケールをもとに社内で設計し直し、内製化に成功したのである。しかも、直径一・二メートルもあった機械を五〇センチ幅にまで縮小し、体積比で四分の一にした。これを四台作ってカップヌードルの製造ラインに投入したのである。

新しいコンピュータスケールには一台に十四個のロードセル（はかり）が付いており、それぞれのはかりに数匹ずつのエビを入れる。コンピュータが十四個のはかりに入ったエビをどのように組み合わせたら目標値の二グラムに最も近いかを〇・六秒間で演算し、選んだ三～四個のはかりのエビを合わせ、一食分としてカップに充塡する。この作業をどんどん繰り返す。スピードが大幅にアップしただけではない。その精度も、目標値二グラムに限りなく接近した。エビのほかに、卵、豚肉などもこのエビロボットで計量している。おかげで約一〇％のコスト改善につながった。労働集約性の高い途上国の工場では、安い人件費で、手作業で具材のアセンブルをしているが、エビロボットは速さと正確さで人間の能力をはるかに超えてしまった。

カップヌードルの製造ラインには不良品をはじき出す検査工程が至る所にある。具材のバランス、スープのこぼれ、シール不良、プラスチックや金属片や髪の毛などの異物混入などをセンサーがチェックし、画像処理によって検品作業を行っている。無数に設置されたセンサーはホタルのように光っていて美しく、もはやインスタントラーメンの工場というイメージはない。ここでも、今まで検査工程に張り付いていた人間がいなくなり、すべてロボットに変わった。クレーム率も劇的に減った。いなくなった人のクビは決して切らない。成長している企業には、仕事はいくらでもある。新しい成長が新しい雇用を生むのである。

残された課題は、めん重量とめん質を常に均一に保つことである。穀物の加工を一定にする技術は、実はたいへん難しい。製造工程での水分量、温度、湿度によって微妙に変化するからである。これを技術的にコントロールし、カッターで正確なめん重量に切り落とすことができれば、ほぼ完ぺきである。そこまでいけば、カップヌードルは加工食品の精度では世界一になる。

わが社は創業五十八年がたって、老朽化した工場の建て替えの時期に来ている。相当な設備投資がいる。私はこれを幸いと思っている。建て替えどころか、一気に工場を高度化するチャンスなのである。ＡＩとロボットの技術を応用して省力化、省人化を進める。機械部品や技術をできるだけ標準化、内製化する。必要なものを、必要な量だけ、必要な時にジャストインタイムで生産できるようにする。工場の高度化投資には建て替えより費用が掛かるが、将来的にはより大きなコスト削減につながり、早期の利益回収を可能にするだろう。

最高品質のカップヌードルを、世界中のどこよりも安く国内で生産する。海外で高いブランド評価を確立しているカップヌードルは、どこの国へ持って行っても高価格で売れる。結果的に、グローバル市場でカップヌードルが最も競争力を持つブランドになる。ユニクロの生産方式と同じように、「いいものを安く作って儲ける」という勝利の方程式が完成するのだ。

環太平洋パートナーシップ（TPP）協定が成立すると、日本に海外の安い農産物が輸入され、国内農家を圧迫するのではないかという話題ばかりが先行している。実は相手国の輸入関税も撤廃されているということを忘れている。自由貿易という新次元のグローバリゼーションが進むと、日本からの農産品や加工食品の輸出にもチャンスが生まれるのである。近い将来、日本で作られた「カップヌードル」と、世界一効率化された「全自動化生産システム」、すなわち「カップヌードルのスマートファクトリー」が、日本から海外への輸出産品になる日が来るだろう。

IoTは「人間を科学する」システムである。

ヒトとモノ、モノとモノがデジタル・ネットワークでつながることを「IoT（Internet of Things＝モノのインターネット）」という。テレビ、自動車、おサイフケータイ、店頭のレジスター、人間が身につけて持ち歩ける「ウエアラブル端末」、あらゆる家電製品、センサーのついたロボットや工場機械などが含まれる。代表的なIoTはスマートホンだろう。センサーであり、無数の端末（デバイス）を持ち、通信機能を備え、しかも爆発的に世界中に普及している最大最強のIoTである。

私が持っていて、日常的に使っているのは何台かのスマホ、タブレット、スマートウォッチと腕にはめる血圧歩数計くらいである。スマートウォッチではたまに時間を見るふりをして株式相場を見る。人目につかなくていい。便利なものにはなんにでもリスクがある。たとえばスマホやスマートウォッチには全地球測位システム（GPS）機能がついている。子供や徘徊《はいかい》癖のあるお年寄りには居場所を確認するために役に立つが、私にとってはプライバシーを監視されるというリスクが伴うので、多少抵抗感がある。

私は、IoTの一つである「VR・HMD（バーチャルリアリティ・ヘッドマウントディスプレイ、Virtual reality・Head Mounted Display）」に注目している。頭部に装着する「ウエアラブルコンピュータ」の一種だが、目の前にあるディスプレイで高画質映像を見てバーチャル・リアリティの仮想現実を体験できる。3Dの空中飛行や世界の旅を居ながらにして楽しめる。私は最近、海外旅行に行きたくなくなった。時間とお金をかけて目の当たりにした風景より、日本で見ているパソコン上の高画質写真のほうが圧倒的に美しくて、失望してしまうことが増えた。バーチャルがリアルの世界を超えてしまったのである。シンプルなHMDはネット通販で十万円以下で売っている。買いたいと思っているが、美しい仮想現実にひたる癖がついたら、危険な海外旅行に行くより、家で寝転がっているほうが楽しくなりそうで心配だ。

産業用に開発されたＨＭＤはもっと複雑で、進化している。両眼用と単眼用があって、目を完全に覆う「没入型（非透過型）」や目の前が透けて見える「透過型」といったタイプがある。別名スマートグラスという。パナソニックの工場ではＣＶＳやスーパーの冷凍ショーケースを組み立てている。多品種少量生産なので作業が複雑で、マニュアルが二百ページにも及ぶという。いままでは作業を忘れたらリーダーに聞いたり、そのつどマニュアルを調べる必要があった。単眼のスマートグラスを装着してからは、作業工程が写真映像で順番に流れていき、分からないことはＨＭＤが解説してくれる。これによって時間が二〇％も短縮されたという。

また、工場のエンジニアが機械のメンテナンスや修理でこのメガネをかける。作業の手順が表示され、ストックされている部品の在庫や場所が分かる。双方向通信だと、その映像を海外や別の工場にいるエンジニアが見て、経験を共有することができる。ロボットが作業を自動化すると匠の技が失われると心配する人がいるが、このメガネ型ウエアラブル端末を使ってベテランの技術を若手に伝承していくことが可能である。

ＶＲ・ＨＭＤを利用すると工場での教育効果がさらに上がる。たとえば、工場にある製造機械をＶＲで３Ｄ映像化する。仮想現実化した工場機械をＨＭＤで見ながら指導者が新米のオペレーターを指導する。指導者の眼が何を見て、どのような行動をとるかをＶＲ・ＨＭＤが的確にとらえて記録していく。仮想研修である。

海外の新工場を立ち上げる時に、オペレーターを日本に呼んで研修するのはいいが、帰国後、練習するにも機械がまだ設置されていない。ついつい忘れてしまうことがある。それを現地言語に読み替えられたＶＲ映像でトレーニングする。このシステムが完備できれば、海外工場の「一発立ち上げ」が可能となり、時間と経費のロスを解消してくれる。わが社は、これから国内外で一年間に十ラインを十年間にわたって建設する計画である。オペレーターの不足とレベルの低さを懸念していたが、ＶＲ・ＨＭＤが必須のデバイスとして使用できるようになれば大いに助かる。

このような製造技術、製造工程、スケジュール管理システムなどがデータ化され、ＡＩを通してロボットに伝えられていくと、やがて最終的に完全自動化につながっていくのだろう。ドイツではインテリジェンス化された製造工場のデータをネットでつないで、国内すべての工場の共有システムにしようとしている。ドイツの製造業全体のビジネスコストを徹底的に下げて、勝ちパターンを作るというものすごい国家戦略だと思う。

ＨＭＤはオプティカルなデバイスが進化したものだと思うが、ヒトが見たものを脳に記憶させるのではなく、ＩＣチップに映像として記録させることができる。もし、たくさんの人（モニター）にこのメガネをかけて街を歩いてもらえれば、ヒトの行動記録がデータとして集められる。購買行動はもちろん、その人の癖、何に興味を持っているかが分かる。無意識に見た目の動きまでを詳細に分析すれば、その人の潜在的なコンシャスを吸い上げることができて、完全な行動観察記録になる。

ＨＭＤに限らず、メーカーにとってＩｏＴから集積された情報は、マーケティング・データの宝庫となるだろう。ＩｏＴは「人間を科学する」システムである。教育、健康、医療、スポーツなど、あらゆる人間科学の研究にすばらしい未来を開くことになると信じている。

世界一のタクシー会社は一台も自動車を持たない。

世界中でインターネットにつながるモノの数は、二〇一四年で九十億個、二〇二〇年には五百億個と五倍以上に広がるという（シスコシステムズ予想）。モノとモノをつなぐセンサーの生産数は、「二〇一五年に世界で三十五億個、二〇二〇年頃には年間一兆個に増え、トリリオンセンサー社会が来る」（『決定版インダストリー4・0』尾木蔵人著・東洋経済新報社）と予想されている。そんな時代になれば、膨大な数のＩｏＴがインターネットを通じて相互につながり、そこでやり取りされる情報は途方もないビッグデータを形成して永久保存されることになる。それを分析し、加工する能力があるのはもはやＡＩしかないのかもしれない。

　ＩｏＴと自動車がつながったらどうなるのか。

「ＵＢＥＲ《ウーバー》」という会社は二〇〇九年に米国で生まれ、世界四十五か国、二百五十都市でタクシーサービスを展開している、規模では世界一のタクシー会社といわれているが、所有している自動車は一台もない。スマホアプリを使ったタクシー配車サービス会社なのである。客はスマホを開き、タクシーの呼び出しから料金の支払いまで、すべてをアプリ上で完結させる。ＧＰＳの地図で乗車したい場所を指定してタクシーを呼び出し、乗車する。降車時の支払いは事前にアプリに登録したクレジットカード情報を元に決済処理する。車は提携するタクシー会社が配車する。ＵＢＥＲは客とタクシー会社をＩｏＴでつなぐだけである。同社はこの仕組みで売上を伸ばし、サンフランシスコ最大のタクシー会社「イエローキャブ」を倒産に追いこんでしまった。日本でも二〇一四年、「ＬＩＮＥ」が同じ仕組みでタクシー業界に参入した。「ＬＩＮＥ　ＴＡＸＩ」という。スマホで配車しても、路上でつかまえても、乗車可能なタクシーとして利用できる。ＩｏＴの普及がタクシー業界のビジネスモデルを変えてしまったのである。

　もっと進んで、ＡＩとＩｏＴと自動車がつながったらどうなるか。

　すでに現実化しているのは「自動運転車（Autonomous Car）」である。人間が運転しないで自動で走行する車のことだ。ハンドル操作、加速、ブレーキをすべて車が行い、緊急時やシステムの限界時だけ、ＡＩから運転操作切り替えの要請があり、ドライバーがそれに対応する必要がある。これを開発段階のレベル３と呼んでいる。縦列駐車の場合、センサーが駐車できる空間を確認すると、タッチパネルに駐車用ボタンが表示される。押すとハンドルが勝手にスルスルと回って、空間内にピタリと入庫できる。まさに自動車そのものがロボットなのである。

私は日本の道路上に運転手不在の自動車が走り回る姿を想像できなかった。しかしここにきて、日本のお家芸であるセンサーを駆使した単眼カメラ、ミリ波レーダー、レーザーレーダーという自動運転を可能にする基礎技術が整った。それにＧＰＳの地図情報、３Ｄマップにクラウド情報が組み合わされ、プロセッサーであるＥＣＵ（Engine Control Unit、エンジン制御装置）を動かす仕組みが確立した。ようやく、二〇二五年に自動運転車が現実のものになると信じるようになったのである。

「自動運転車市場の将来予測」（ＢＣＧレポート、二〇一五年四月）によると、二〇二五年までには自動運転車の年間販売台数は千四百五十万台になり、その市場規模は約五兆円になる。カーシェアリングが普及して経済性も高くなるという。レベル４の完全自動運転システムになった時に、交通事故の責任は誰がとるのだろうか。私は、運転者の責任ではなく、自動車会社を含めたシステム側の責任ということで良いのではないかと思う。

自動運転車を開発中のトヨタ自動車では、「走る、曲がる、止まる機能に『つながる』

が加わる」(豊田章男社長「日本経済新聞」二〇一六年七月三十一日付)として、車に搭載されたセンサーやカメラを通じて可能になる走行時のデータ収集に期待している。たとえば、時間ごとの路上の人の動きや、行列のできる店の特定など、沿道の様子が克明に分かる。すべての車のワイパーの状況が分かれば各地の詳細な気象情報が把握できる。日本と米国のトヨタ車にはすでに通信機能が標準搭載されている。世界中で数千万台も走るトヨタ車のセンサーやカメラがそれぞれの地域のデータを集め始めると、そこから無数のビジネスチャンスが生まれる。トヨタは五、十年後にはまったく違う会社になっているかもしれないのである。

政府は、二〇二〇年の東京オリンピックまでに自動運転車の一部実用化を目指すとしている。オリンピック会場と選手村をつなぐアクセスに使用できれば、日本の先端技術を世界に誇るいい機会になる。

工場の高度化が生産回帰(Reshoring)を促進する。

メーカーがインターネットで顧客とダイレクトに接点を持つようになると、いずれユーザー一人一人の注文に応えて商品を開発し、提供していくダイレクト・マーケティングの時代がやってくる。川上(メーカー)と川下(顧客)とが直接つながって、アマゾンの通信販売を超える最速、最短の商流が生まれる。これまで、メーカーの論理で商品開発し、大量生産した商品をマスメディアで宣伝し、大量販売チャネルでユーザーに届けていた「少品種大量生産」のシステムは終わるだろう。メーカー・ブランドからマイ・ブランド化の時代に移行してゆくことになる。

顧客はたいていわがままである。その一人一人のわがままに向き合うことがイノベーションにつながっていく。インスタントラーメンに対しての思いや好みは人それぞれである。単なる好き嫌いもあれば、健康のために塩分を控え目にしてほしい、糖質はゼロにしてほしい、アレルギー物質を除いてほしい、とニーズは多様である。これをわがままと片付けてしまってはいけない。「人間はみな一緒じゃない。一人一人違うことを認めなさい」と言われているのである。WEB上には膨大なラーメン情報が溢れている。その貯蔵庫ともいえるビッグデータは、通常のマーケティング調査やグループインタビューでは拾えない顧客インサイト（本音）の宝庫なのである。私自身はそこで、発明につながる人間の意志や思想を知りたいと思っている。

最近のユーザーはメーカーとダイレクトなコミュニケーションを望んでいる。メーカーの方も交流サイトに積極的に参加し、リアルタイムに緻密《ちみつ》な顧客情報を集めている。その顧客接点から、商品開発とマーケティングの貴重なチャンスが生まれている。

スポーツシューズの名門、アディダスは二十四年ぶりにドイツ国内での靴の生産を決めた（二〇一六年五月二十五日・日本経済新聞電子版）。二〇一七年から、ロボットとデジタル技術を駆使して、設計、開発、生産を一体化した「スピードファクトリー」という工場で生産を始めるという。これまでアディダスは中国、ベトナムなどの安い人件費に頼ってアジアに工場進出していた。ロボットは二十四時間働き続けることができ、生産の無駄が少ないことでコスト低減のメドが立った。そこへアジアの人件費が上昇した。これが生産回帰（Reshoring）の引き金になったという。「インダストリー四・〇」を国家戦略にしているメルケル首相にとっては願ったり叶ったりの展開だろう。こういう動きが今後日本企業でも起こると思う。

アディダスのスピードファクトリーでは、靴の作り方を顧客ニーズに合わせる取り組みをしている。若い顧客の好みに合った靴を五百足ロットでオーダー生産することも可能にした。普通ロットが少ないと製造単価は上がるが、ＡＩとロボット技術で自動化されているため、大量生産よりさらに安いコストで作れる。店頭では３Ｄプリンターを使って顧客の足型をとり、好みのデザイン、たとえば「メッシの履いた靴のデザインで」という要望に応えることができる。完全に顧客一人一人にカスタマイズされたサービスが可能になったのである。ＩｏＴがメーカーと顧客の距離を一気に縮め、ダイレクト・マーケティングの可能性を開いていく。カップヌードルで私がやろうとしていることは、まさにこれである。

メーカー・ダイレクトマーケティングの時代が来る。

もうすぐ、メーカーと消費者がダイレクトに対話しながら、一人一品という「テーラーメイド」の商品を通信販売で届ける時代が来る。わが社にはスマートホンやタブレット型端末などのＩｏＴを通じて顧客とつながる自社保有のメディア（Owned Media）がたくさんある。ホームページのカスタマーメール、ブランドサイト、フェイスブック、ＹｏｕＴｕｂｅ、通信販売の「日清食品グループ・オンラインストア（旧ｅ－めんＳｈｏｐ）」などである。そこには毎日のようにユーザーの声や要望が寄せられている。カスタマー・ジャーニーと言われる購買行動の背後にある心の動きが手に取るように分かる。それは顧客ニーズではなく、個客ニーズと言っていいほど多様である。

インスタントラーメンのようなどこでも売っている低価格の大量生産品がオーダーメイドできるのかと思われるかもしれない。私は逆に、ＣＶＳでもスーパーでも、どこでも売っているからオーダーメイドに価値があると思っている。現実に、今ネットの通信販売サイトのアマゾン、オムニ7、ロハコなどではカップめんの三食パックなど、ＣＶＳでは売っていない単品の詰め合わせが売れている。

わが社のインスタントラーメン事業を担う日清食品と明星食品を合わせた新製品の数は、

年間六百二十アイテムである。土日を除くと、ほぼ毎日二品の新製品が店頭化されている計算だ。業界全体では千二百三十アイテムにもなる。インスタントラーメンは競争の激しい食品業界の中でも屈指の激戦区である。

各メーカーは、日々、新規性のあるユニークな商品を開発しようと心がけているが、一年後に定着する商品は平均わずか一%と厳しい。インスタントラーメンの場合、CVSの一週間の販売数が七食を切った商品はキックアウトされる運命にある。店頭の陳列棚から有無を言わさず外されてしまう。なかには、ユニークなコンセプトや味を表現して固定ファンをつかむ商品もあるが、ユニークであるために、逆にスーパーやCVSなどのマス・マーケットでは受け入れられないことが多い。ユーザーから「好きだったのに店に並んでいない。どこに行けば買えるのか」とお叱りを受ける。せっかく時間と費用をかけて開発した商品を、そこで終売にしてしまうのはあまりにももったいない。こういう商品を通販用にアソートしていけば、逆に魅力的な商品として生まれ変わる余地が出てくる。多品種少量生産化に対応しながら、新たな利益を得るチャンスにつながるのである。

自社通販サイトの「日清食品グループ・オンラインストア」では、二〇一六年十一月現在、キャラクター商品などオリジナルグッズ四百アイテムを販売している。そのうちめん類関係では一般流通商品として取り扱いに乗らなくなった商品などを含めて二百三十アイテムを揃えている。これまでケース単位で販売していたものが一食（個）単位で購入できるようになり、二千円以上で送料無料、最短二日でお客様のもとに届けることができるところまでシステムが整った。

将来的には、顧客一人一人の注文にこたえていく「テーラーメイド」で利益が出る仕組みを作らなければならない。たとえば、結婚式の引出物に使いたいので、パッケージに写真とメッセージを入れたカップヌードルを百個作ってほしい。同窓会の記念品に校章をデザインしたものを五百個作ってほしい。高くなってもいいから何とかならないか。そんな希望者は結構多い。技術的にはようやくサポートできる体制が整ってきている。パッケージはPCやスマホでも簡単に作れる。原版となる型紙データ上にデザインしたものをプリントして郵送、もしくはメール送付でコマンド（命令）すればいいだけである。現在はロボットによって三食パッケージにアソートされ、一分間に十箱のロットで梱包している。小ロット少量生産でありながら十分経済ベースには乗っている。ロボットで自動化されているから製造単価も安くなる。いずれ一人百個生産になり、究極は一人一個のテーラーメイドが可能になる。

ネット上で決済処理する通信販売には、メーカーと消費者との信頼関係が大切である。わが社はカップヌードル、どん兵衛、U.F.O.など、カテゴリーNo.1ブランドを多く持っている。ブランドロイヤリティーの高い商品、業界のトップメーカーだから、消費者とダイレクトに組める一番有利なポジションにいるのだと考えている。ダイレクト・マーケテイングを組めるのは、食品業界でも十社くらいだろう。

将来、スマートホンなどからダイレクトにオーダーを受け取ると、工場ではAIがロボットに指示して自動的に製品化し、その日のうちに宅配、もしくはドローンが空輸する。商品の流れは、従来のサプライチェーンに代わって、個客が「好きな時に、好きなところで、好きなモノを受け取る」というオムニチャネルの世界が開ける。二〇二〇年以降にメーカー・ダイレクトマーケティングの時代が確実にやってくるだろう。

ネット上では「フライング」は失格にはならない。

カップヌードルはもはや、人々の生活の中に深く溶け込んでいるという意味では「生活の部品」である。多くのユーザーに楽しんでいただけるネット上の「遊び道具」であってもいい。最近では、そう開き直っている。

その遊びの一つが「フライングゲット（Flying Get）」である。

フライングゲットとは、日本人が作った和製英語で、正式な英語ではない。もともと、ゲームソフト、漫画、音楽CD、パソコンのパーツなどをメーカーが指定する正規の発売日より一日早く購入する（ゲットする）ことをさす。若い人は「フラゲする」と言うらしい。二〇一一年に発売されたAKB48のシングル曲のタイトルになったのがオリジナルと言われていて、CDのジャケットには漢字で「飛翔入手」と書かれていた。これが転じて、「あなたの心をいち早くゲットする」という意味になったそうだ。

わが社では、二〇一五年十月、カップヌードルの「Ｐａｓｔａ　Ｓｔｙｌｅ」という商品でフライングゲットを実施した（図18）。発売予定日の二週間前にネット通販で売り出したのである。普通ならフライングは失格、ルール違反である。これをもし、アマゾンで売り出したのなら、流通の方々に怒られる。営業部長は頭を下げて回らなければならない。しかし実施したのは自社の通販サイトだった。三食をワンセットにアソートした通販専用商品で、千セット限定売り切り。あくまでテスト販売です、ということで了解を得た。

やってみると、千セットが即日完売した。若い人は他人より先に「フラゲする」ことに喜びを感じるようである。うれしいだけではない。そういう人は必ず自慢したがる。インフルエンサーと呼ばれる人たちで、ネット上で多くの友達やフォロワーとつながっているので、発言に影響力がある。案の定、商品配送後、個人のブログやＳＮＳ、ＹｏｕＴｕｂｅに写真や動画が一斉にアップされた。「いいね！」が押され、シェアーされ、口コミ情報がどんどん拡散されていく。そして最高の状態で発売日を迎えることになるのである。

ＩｏＴで顧客とつながることは、顧客のインサイトに触れるということである。メーカーの考えた商品コンセプトは受け入れられるかもしれないが、否定される可能性もある。あるいは、想定もしていなかった検索ワードで拡散され、思いがけない評価が与えられる

図18

FLYING GETとは

FLYING GET!!
NEW
1. 新製品が発表される
2. 一般発売の2週間前に専用サイトで申し込み
3. 超速でお届け！
4. 1週間早くゲット！！
5. おともだちに自慢しよう
6. 食べよう

FLYING GET
PASTA STYLE
和風タラコ
ボロネーゼ
和風タラコ

「フライングゲット」で 1,000セット即日完売した
カップヌードル パスタスタイル 3食セット

かもしれない。そこが面白い。大事なのは、顧客のニーズに耳を傾けるということと、すばやく対応できるスピードである。新発売した商品はWEB上で興味を持たれなければ消える運命にある。なぜ消えたのか、なぜ売れなかったのか。その答えはきっと同じWEB上にある。それを解読して新しい商品にしていく作業は「リニューアル」ではない。商品が進化していくのだから「アップデート」と言う方がふさわしい。

米国のウェブサービス業界のベンチャー企業の間では、商品開発に「アジャイル開発（Agile Development）」という方式を使う。アジャイルとは「すばやい」「俊敏な」という意味である。アイデアができたら、一刻も早く形にしてユーザーに投げ出す。完成度が低くてもいい。そしてユーザーの体験をフィードバックしてもらって、修正や変更を加え、新しいアイデアに切り替えていく。これを何度も繰り返す。「反復＝イタレーション（Iteration）」という短い開発期間の単位を採用することでリスクを最小化しようとする開発手法の一つだ。ユーザーと一緒に商品価値を作りこんでいくのである。今後、ＩｏＴを活用したアジャイルの考え方はフライングゲットなどとともに、もの作りに欠かすことのできない開発プロセスの一つになるだろう。

第五章　ＷＥＢマーケティングの極意とは。

視聴者に不快感を与えるCMは禁物。

デザインや広告がマーケティングの世界にとどまらず、企業ガバナンスにとっても大切な要素になってきた。東京オリンピックのエンブレム・デザインが盗作疑惑をもたれて白紙撤回されたが、国際社会に対して恥ずかしい話である。日本の文化度が失墜しかねない。企業にとっても同じである。ブランドのロゴタイプ、パッケージ・デザイン、CMなどの意匠や宣伝物も、一つ間違えると世の中の批判を浴びて、企業価値を貶《おとし》めることになりかねない。

お恥ずかしいが、わが社の事例をお話しする。二〇一六年度カップヌードルの宣伝プロモーションは「CRAZY MAKES the FUTURE」（図19）というスローガンだった。カップヌードルのヘビーユーザーである若い世代をターゲットにしたキャンペーンだった。私はこのスローガンを気に入っていた。革新的な仕事は普通の頭脳からは生まれない。CRAZYなほどモノごとに執着し、追求する人だけが、イノベーションを起こし得ると信じている。特に、発明・発見と呼ばれるような非連続的イノベーションは、常識より非常識、非常識よりさらにCRAZYに近づかなければ成しえない世界である。アインシュタインもチャーリー・チャップリンも松下幸之助も、そして安藤百福もそうだった。このプロモ

2016年度カップヌードルの宣伝スローガン　図19

CRAZY MAKES the FUTURE.

ーションのコンセプトは、若い人にもそんなひたむきな魂を持って欲しいと訴えることだった。おとなしい良い子にならないで、バカなことをやろうよ、とアピールするCMを作ったのである。「いまだ！　バカやろう！」がキメの言葉だった。

　第一弾のCMをオンエアーした翌日から一週間で、会社のホームページの「カスタマーメール」の窓口に二百通近いメールが届いた。CMの一部に虚偽や不倫を肯定するような表現があるとして、不快感を示されていた。クレームを入れてきたのは主に主婦である。もちろん、われわれの商品の大切なお客様である。例によって、不買運動をほのめかすものもあった。一方、ツイッターなどのSNS上では若い人の肯定的なコメントが目立った。独特な若者言葉で、

「日清、ヤバい！（すごくよいの意味）」「ぎりぎりまで攻めている」など共感を示していた。すぐに社内で対応を協議した。「ターゲットが評価してくれているからいいのではないか」という声もあった。しかし私は、放送中止を指示した。放送開始からわずか八日後だった。

同時に、カップヌードルのブランドサイト内で「お詫《わ》び」をした。すると、カスタマーメールはさらに増えて、翌一週間に四百五十通ものメールが届いた。抗議のボルテージが上がった。同時に「放送を中止する必要はない」という意見が半数を超えた。評価が入り乱れ、メール数は最終的に約七百通に達した。当該ＣＭの批判内容について、ここでは細かく触れない。問題の核心は、若い世代の人たちにエールを送ったつもりが、ターゲットではない世代層の人たちに不快感を与えてしまったということである。

私はずっと、「面白くなければコマーシャルじゃない」と言ってきた。面白くないと視聴者の心に届かないからである。新しいＣＭを放送すると必ず何通かのクレームが来る。十通以内ならＯＫである。一通も来ないと、インパクトが弱くて視聴者の心に全く届いていないのではないかと、逆に心配になる。「面白くない」「理解できない」という一部の人のクレームは別に気にしない。すべての人がいいというＣＭは、多分、少しも面白くないからである。

ただし、いくら面白くても、視聴者に不快感を与えるＣＭはよくない。家庭でテレビを見ている人たちは無防備である。そういう人たちに、一方的に心理的、生理的なストレスを感じさせる表現があってはならない。とくに、多様な人々の目に触れるTVCMでは、「ターゲットに届いているからいい」という発想は危険である。ターゲットでない人々を切り捨てていることになるからである。

カップヌードルのコマーシャルは一貫して「青春賛歌」を基本コンセプトにして制作してきた。ここ最近では、「SURVIVE＝ハラがへっては、闘えない」「HUNGRY to WIN＝世界に、食ってかかれ」「STAY HOT ＝いいぞ、もっとやれ」と年々過激になってきて、とうとう「CRAZY MAKES the FUTURE＝いまだ！　バカやろう！」まで来た。今回の放送中止の件は、「調子に乗りすぎたイサミ足」と思っている。物議をかもすことを予測しながらやった半ば確信犯である。当然、CEOとして責任を感じている。こういう企業文化を作ってきたのは、ほかならぬ私自身であるからだ。

考査委員会でCMとデザインをチェック。

正直に告白するが、最近、TVCMが分からなくなってきた。どこが面白いのか、何を言いたいのかがよく分からないのである。私にとってコマーシャルの世界も経営のブラックボックスの一つに近づいてきた感がある。今でも広告代理店のCMプレゼンテーションには出るようにしているが、「これが今の高校生の感覚です」と言われると、文句が言えない。「そうか」としか答えようがない。コンセプトまではＯＫを出せても、表現内容の判断は無理である。後はひたすら耐えている。経営は忍耐なのである。

それでも、私がプレゼンテーションに出ている理由は、ブランドの最終責任者であるＢＭ（Brand Manager）の思考回路をチェックするためである。新製品を開発して、売れる仕組みを作るのがＢＭの仕事であり、ＣＭの決定はトータル・マーケティングの中で重要なポジションを占めている。ＢＭのマーケティング・センスを見るいい機会なのである。ＢＭが決めたことに納得できたら、後は一切文句を言わない。私は後悔したくないからプレゼンテーションに出ているともいえる。後悔とは、人に責任をなすりつけることだからである。

最近、モバイルやＳＮＳのコミュニケーション・ツールを使いこなせる人と、そうでない人のコミュニケーション・ギャップがどんどん深まってきた。笑いの質まで変わってきて、同じジョークで笑える人と、笑えない人の差が際立ってきたように思う。企業内部でも同じことが起こっている。共有体験を持たない人たちが集まって、いくら議論を尽くしても、理解できないことは理解できない。だから結論は出ない。「ＣＥＯが決めてくれ」となり、最後は「えいや！」で決めることが多くなってきた。これではいけない。ＴＶＣＭやフェイスブック、ＹｏｕＴｕｂｅなどにアップロードしている広告のリスクを早期発見し、消費者の批判やサイトの〝炎上〟を回避して、企業イメージやブランドイメージの失墜を防がなければならない。コーポレート・ガバナンスと同様に、社内にも公正な第三者の意見を聞く場が必要ではないか。そう考えて、二〇一六年八月、「CM考査委員会」と「デザイン考査委員会」を作ることにした。

「CM考査委員会」の構成メンバーは、CEOの私が委員長、CLO（法務担当役員）が副委員長、外部の第三者として広告、マーケティング、消費者行動研究の専門家三人の方々に入っていただいた。その運営は、まず社内法務セクションと、担当広告代理店の「表現コンサル局」でチェックし、リスクの可能性を指摘された場合は社内で協議、第三者の意見を聞くことが必要となった時は、私が委員会を招集することになっている。

本来、広告宣伝物の考査を行う委員会は新聞社、テレビ・ラジオ局、広告代理店にあって、違法性や、行き過ぎた暴力的、性的、差別的表現がないかをチェックしてきた。わが社でも、CMや新聞広告はすべて事前に提出して問題ないかの確認をとっている。今回のカップヌードルのCMは社外考査を受けたが、すべてパスしていた。それなのに、こんなに問題が大きくなったのはなぜか。よく考えてみると、消費者はOKと言っていなかったのである。

わが社がスポンサーになっているテレビ番組の苦情が来ることがある。あの番組は思想的に、道徳的に良くないのでスポンサーを降りてほしいというメールが多い。調べてみると、テレビ局にクレームしても取り合ってもらえないので、スポンサーに言い寄ることが分かった。スポンサーが降りることで、番組を中止に追い込もうとしているのである。「降りなければ不買運動をします」と半ば脅迫的である。

だからといって、「日清食品の提供でお送りしました」というクレジットがある以上、「番組の内容について、スポンサーとして責任は持てません」とは言い難い。

どうやら、番組内容も、ＣＭ内容もすべてブランドオーナーとして自己責任で考査、判断しなければならない段階に来ている。外部の考査委員会がＯＫを出しても、消費者はＯＫしていないことに気が付くのが遅かった。だから、社内に「ＣＭ考査委員会」を設置して、ＣＭオンエアーの是非を判断することにしたのである。そこまでやる必要があるのかと言われそうだが、ファーストエントリーを大切にし、過激なイノベーションを社風とするわが社に限っては必要と言っておく。

「デザイン考査委員会」は、商品のロゴタイプやパッケージ・デザインが他者の模倣でなく、独自性があるかどうかを検討する。意匠登録など法律面や専門的なチェックだけでなく、一歩踏み込んで、消費者や一般社会がどのように受け止めるかまで総合的に検討する。ＣＬＯが委員長を務め、デザインルーム、商標、知的財産の担当者のほかに、社員の中から若者代表、主婦層代表が入る。必要に応じて、外部の有識者から意見聴取、市場調査なども行う。グローバル化に伴い、今後、目の行き届かない海外現地法人やグループ傘下企業の諮問を受けて招集されることが多くなろう。

「10分どん兵衛」のおわびプロモーション。

ツイッター、フェイスブック、LINEなどのSNS上にはラーメン専用サイトがあり、ファンの投稿が溢れている。写真や動画の共有サイト「インスタグラム」にはラーメンの写真がたくさん掲載されている。それらの情報倉庫ともいうべきクラウドやビッグデータには、いったいどれほどの関連データが蓄積されているのか想像もつかない。そこから必要な情報を収集分析してマーケティングに利用するノウハウは、すでに企業活動の常識になりつつある。インターネットは、通常のCP（Concept / Performance）調査やグループインタビューでは摑めない顧客インサイト（本音）の宝庫なのである。そこにはメーカーが気付かなかった、あるいは、考えもしなかったアイデア、提案、果ては脅迫まがいのものまで、種々雑多な情報が溢れている。

ちょっと古い話だが、インターネット上で長年にわたってツイートされてきた噂があった。「カップヌードルのシーフードヌードルをホットミルクで作るとおいしい」というものである。「日清で発売してほしい」という声も高まった。そんな噂がきっかけで、「ミルクシーフードヌードル」を商品化した。シーフードのスープに粉末ミルクを加え、お湯を注ぐとクリーミーなスープを味わえる。もう発売以来十年近くたつが、女性を中心にCVSでよく売れ、冬の定番商品になった。その後、「ミルクシーフードにはお湯ではなく沸騰させた牛乳を入れて食べたら、さらにおいしい」というツイートにエスカレートしてきた。ブランド・マネージャーは、「お湯を入れて三分」というカップヌードルの食べ方の王道を死守するため、まだ商品化には至っていない。

またある時、日清のきつねうどん「どん兵衛」は、お湯をかけて十分で食べるのが最高という「10分どん兵衛」騒動が起こった。ことの発端は、あるお笑い芸人が自身のブログで、「どん兵衛は、お湯を入れて10分待って食べると、めんがツヤツヤで、ツルツルしてうまい」とコメントしたことだった。これに反応したフォロワーがどんどん「10分どん兵衛」の情報を拡散（エンゲージメント）した。私がネットの検索サイトで「10分」と入力したら、すぐに「10分どん兵衛」と出てきたので驚いた。それだけ多くの人が検索した証拠である。当の芸人が「日清さんはどう考えているんだろう」と発言したことで、とうとう「五分にこだわる日清は怠慢だ」と批判を受けるに至った。

どん兵衛担当のブランド・マネージャーは急遽《きゅうきょ》、ネット上で芸人と対談し、お詫びをすることになった（図20）。

「おわび。日清食品は10分どん兵衛のことを知りませんでした。5分でお客様においしさを届けるということに縛られすぎていて、世の中の多様性を見抜けていなかったことを深

図20

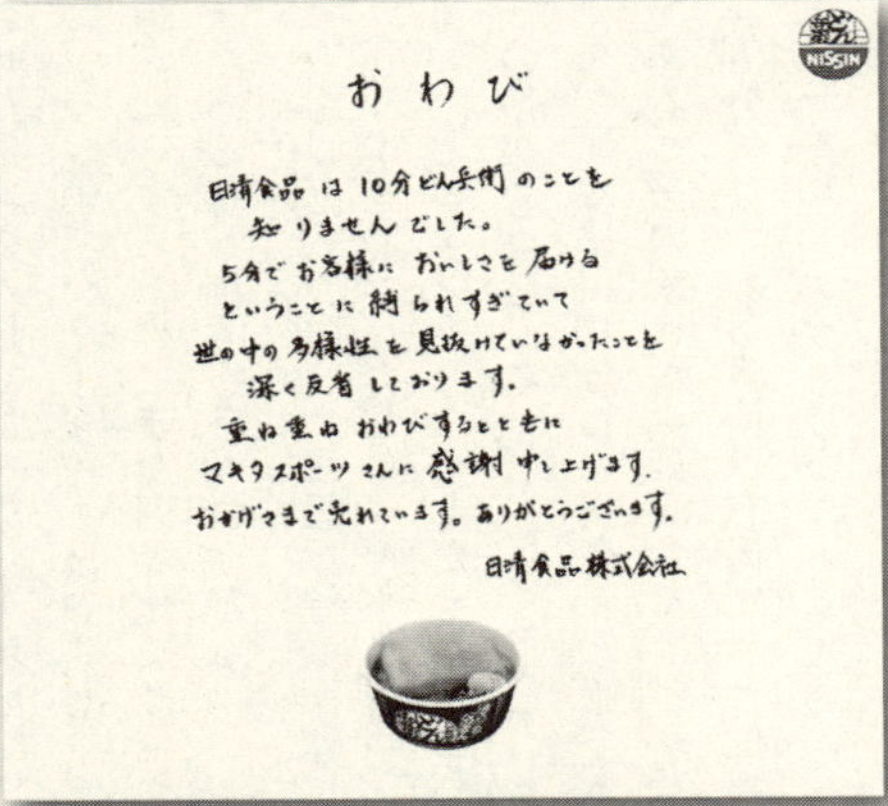

図21

「10分どん兵衛」がネットでブーム

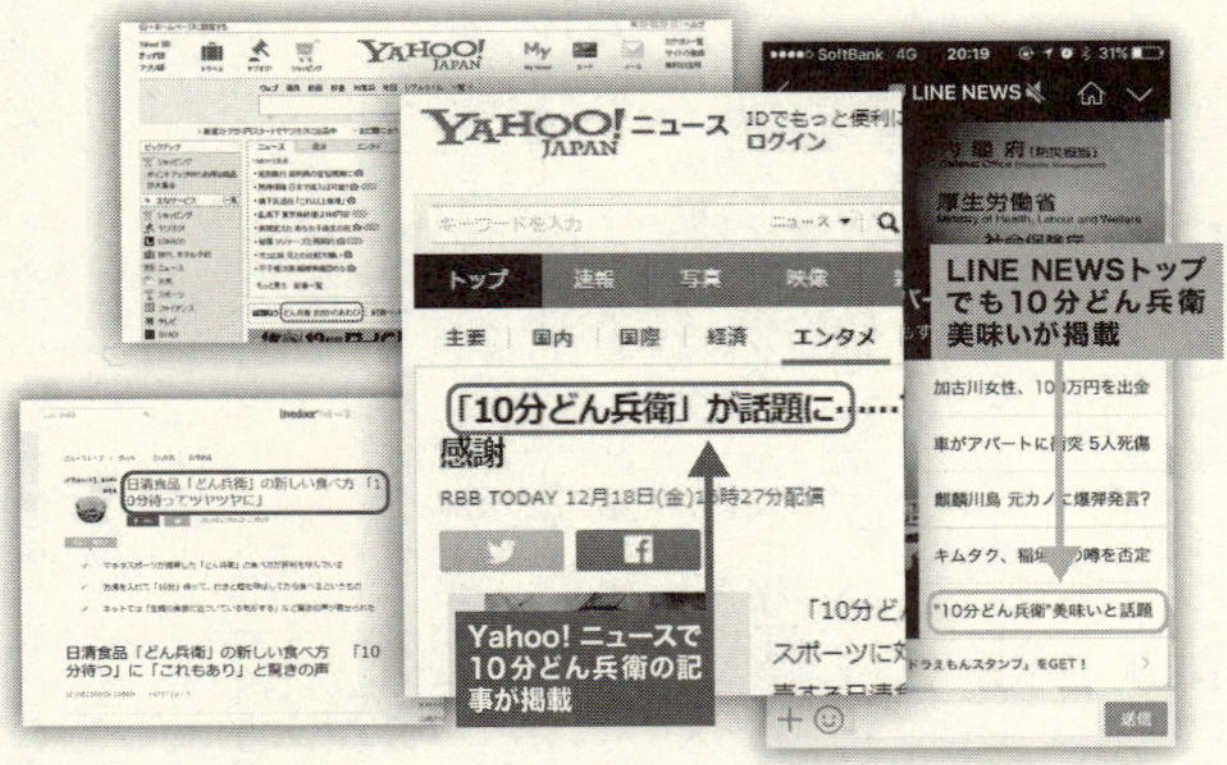

く反省しております。（中略）日清食品株式会社」

これがネット上でたいへん受けた。ヤフーニュースが「どん兵衛、まさかのおわび」と記事化し、LINEニュースが「10分どん兵衛、うまいと話題」と紹介した（図21）。どん兵衛の売上は急上昇した。この事件以降、社内には「おわびプロモーション」という新たなマーケティング戦略が加わることになった。

私は、はっきり言ってあきれた。

「メーカーが一生懸命考えた商品コンセプトを、自ら否定するやつがあるか」

口元まで出かかった言葉をぐっと飲み込んだ。

考えてみれば、おかしな話である。もしメーカーから、「10分かけて食べてもおいしいです」といっても何の反応もないだろう。世間に影響力をもつインフルエンサーが言うと広がるのはなぜだろう。その理解に少し時間がかかった。

10分どん兵衛で騒いでいる人たちはネット上のほんの一部である。それを見て楽しんでいる人の方が圧倒的に多い。私はこの世界のことはよく分からないが、最近のネット・マーケティングをつぶさに見ていて、個々の消費者の言っていることに応えられる会社になること、あるいは対話ができる会社であることの大切さが分かってきた。いくら面白いTVCMを作っても、売れるとは限らない。面白ければいいというわけではないのだ。売れるか売れないかはウェブサイトでユーザーが興味を持ってくれるかどうかで決まる。メーカーから発信する情報は、大上段に構えたコマーシャル・メッセージでは見向きもされない。ひねりのきいたもの、斜めに構えた逆説的あるいは自虐的な表現、だれでも遊べる些《さ》細《さい》な小ネタがいいということが分かった。大切なのはスピード感のあるレスポンスと遊び心である。絶対やってはいけないのが、ユーザーをからかったり、いじめたりする上から目線の「ティーズィング(teasing)」である。炎上の原因になる。

私はかつて、ソーシャルメディアでたくさんの人が「いいね!」をしているのを見て、「こんなもののどこが面白いのだ」とバカにしていたことがある。今ではおおいに反省している。私が得た結論は、WEB上でユーザーと一緒に遊べない会社はダメだということである。メーカーがずっと探し求めてきた川上と川下のダイレクトな接点、すなわちエンドユーザーに向き合う場所はここにあると理解したのである。

この10分どん兵衛のプロモーションは、二〇一六年六月、「カンヌライオンズ国際クリエイティビティ・フェスティバル(CANNES LIONS 2016)」のPR部門でブロンズを受賞した。このように泥臭い大変ドメスティックなウェブ・マーケティングが、世界のカンヌ広告映画祭で評価されたのである。インターネットが世界を同時的にエンゲージする重要なコミュニケーション・プラットフォームになりつつあることがよく分かった。

噛めば噛むほどおいしい「スルメＣＭ」。

二〇一六年で、チキンラーメンは五十八周年、カップヌードルは四十五周年を迎えた。ブランドとしてはロングセラーだと思う。しかし、若いころからインスタントラーメンに親しんでいただいた顧客は、大半の人がすでに六〇歳を過ぎたことになる。顧客の高齢化が進んでいる。そこへ日本は少子化で若年人口が落ち込んでいる。このままでは、わが社はじり貧になる。そんな危機感から、「一〇〇年ブランドカンパニーへの挑戦」をスタートさせた。一〇〇年ブランドになるためには親から子へ、子から孫へ、三代にわたって支持されなくてはならない。いま、その布石を打っているところである。

一つは、若者を中心にしたこれからのユーザー層の拡大である。
二つは、若い女性などのノンユーザー層の新たな開拓である
三つは、成長市場を形成するアクティブ・シニア層への浸透である。

それぞれの戦略は異なる。
一と二の若年層には、ＳＮＳを活用したデジタル・マーケティングを展開した。まずＴ

VCMで大きな網を投げる。CMには若者が突っ込みを入れたくなるような要素をわざと入れておく。WEB上のブランドサイトで話題化を図り、ユーザーをツイッターなどのSNSに誘導する。後はユーザーが情報をシェアーし、拡散してくれるのを期待する戦略である。これまでのTVCMを中心にしたメディア戦略を空中戦とするなら、営業活動の流通への取り組みを地上戦、今回のSNS戦略はサイバー戦といえる。

カップヌードルのプロモーションでは、「おとなしい、草食系といわれている今どきの若者でも、実はドンと行きたいと思っている」というインサイトを探り当て、「Stay Hot＝いいぞ、もっとやれ！」とゲキを飛ばした。CM撮影で、出演した女性タレントが六百回も撮り直したことをネタにして話題を拡散した。また、三十秒間にカット（コマ割り）が多くて何が写っていたのか分かりにくいCMを作った。一、二回見ただけでは理解できないので、「いったいどうなっているのか」「もう一度見たい」となって、YouTube動画を確認するためにブランドサイトにアクセスする人が増える。「日清のCMヤバい！」とツイッターでシェアーされていく。このCMは社内で、噛《か》めば噛むほどおいしくなるスルメにあやかって、「スルメCM」という名がつけられた。結果的に、それまでなんとなく自分たちのものでない、遠い存在と感じられていたカップヌードル・ブランドへの共感が生まれてきた。期待していた若者のマイ・ブランド化が進んだのである。

イタリア人が認めなかったパスタ、気にせず新発売。

ノンユーザーの女性層を取り込むために、「カップヌードル パスタスタイル」を発売した。カップヌードルのブランドとしては初めてのパスタで、作り方も日清焼そばＵ.Ｆ.Ｏ.と同じ湯切りしてから食べるタイプである。カップめんをズルズルと音を立ててすするのはオシャレじゃないと敬遠しがちな若年女子にも、カップヌードルを「マイ・ブランド」と感じてもらう戦略を展開した。

ＣＭの撮影隊がわざわざパスタ発祥の地といわれるイタリアのグラニャーノまで行き、百五十七人に「これはパスタでしょうか？」と聞いて回った。八六％の人が「パスタじゃない」と答えた。その様子がそのままＣＭになった（図22）。なんという無駄遣いか、と言いたくなるところだが、どうやら最初から想定ずみの展開だった。

若い女性はパスタを好み、料理の知識も深い。そういうターゲットへ「カップヌードルから新しいスタイルの本格的パスタ新発売」とアピールしたらどうなるか。ＳＮＳでは「それほどでもない」とか、「期待外れ」と言われかねない。それを先読みして、「イタリア人がパスタと認めなかったパスタ、気にせず新発売」というキャッチフレーズで売り出した（図23）。

「カップヌードル パスタイル」CM

図22

図23

リリース発表当日に一万三千七百件のツイートがあった。ＷＥＢでどんどん記事化され、ヤフーとＬＩＮＥのトップニュースに取り上げられた。一か月間の販売予定数量が一週間で完売した。少し危険なレトリックなので、社内でも賛否両論あったが、「絶対にこのアイデアは若者に刺さる」という担当者の自信で押し切ったキャンペーンである。成功の決め手になったのは、遊び心を共有してユーザーを巻き込んだ「絶妙なコピーワーク」だったと思う。

広告専門家からも高い評価を得た。ＷＥＢマーケティングの拠点として作った「カップヌードル　パスタスタイル特設サイト」が、日本アドバタイザーズ協会ＷＥＢ広告研究会の「第三回ＷＥＢグランプリ」で、デジタル社会の発展に貢献してきたソーシャルサイトとして優秀賞をいただいた。

カップヌードルの人気具材、「謎肉」がファンの要望で復活。

カップヌードルは一九七一年九月の発売時から、サイコロ状の「味付豚ミンチ」を具材に採用していた。われわれは「ダイスミンチ」と呼んでいたが、いつの頃からかインターネット上で消費者はこれを「謎肉《なぞにく》」と呼んで話題にし始めた。成分が分からないことや、完全に湯戻りしていない時の食感が肉と違うことなどが理由だった。変なものが入っているのではないかという疑いを持つ人もいた。しかし大部分の人は、ミステリーとして楽しんでいて、「謎肉 Lover」と呼ばれるファン集団まで出現していた。成分の問い合わせに対しては、会社として一貫してこのように答えていた。

「ダイスミンチは豚肉と野菜などを混合し、フリーズドライ加工したものです」

ネット上では、「野菜など」の「など」という言葉に何かが含まれているのではないかとして、ますます謎を深めていったのである。

このダイスミンチは二〇〇九年春、カップヌードルから姿を消した。具材のグレードアップを図るため、乾燥チャーシュー「コロ・チャー」に切り替わったのである。コロッと角切りにされたチャーシューの意味である。コロ・チャーは本格的なチャーシューの味わいが楽しめると評価が高かった。一方で、ダイスミンチがなくなったことに失望し、その復活を要望する声も多かった。

六年後の二〇一五年、新たなステップとして、若い世代を取り込むために具材の充実という商品刷新に踏み切った。謎肉の復活が決まった。コロ・チャーのファンと謎肉Loverと、すべての顧客に満足していただくために、二つを併用する道を選んだ。事前のＣＰ調査でもダイスミンチとコロ・チャーの組み合わせが最も評価が高かった。ダイスミンチが加わった分、合計重量は従来品比で二割増え、具材のぎっしり感が若い人たちに歓迎されて売上も伸びた。

これに意を強くしたマーケティング・スタッフは、二〇一六年九月、カップヌードル四十五回目のバースデーを記念して、「カップヌードルビッグ〝謎肉祭〟肉盛りペッパーしょうゆ」を発売した（図24）。〝謎肉〟が、通常の「カップヌードルビッグ」の十倍（重量比）も入っている。〝謎肉〟から染み出たうま味たっぷりのスープに、ペッパーでアクセントを加えてある。謝肉祭（カーニバル）なら誰でも知っているが、謎肉祭は前代未聞だろう。ネットでは例によってファンが大騒ぎ、「これはまとめ買いしかないでしょ！」とケース単位で買う人まで出たという。ＣＶＳ店頭での売れ行きが、かつてない高い数字となった。発売三日間で二十三万ケースを売り切り、休売宣言を出さざるを得なくなったのである。

発売3日間で売り切れた「謎肉祭」 図24

謎肉を通常品の十倍も入れるに至ったワケがある。新製品委員会でカップヌードルのブランド・マネージャーが「ダイスミンチをたっぷり入れた謎肉祭を発売したい」と提案した。パッケージに「謎肉がたっぷり」と表示するという。

「そんなケチな発想では消費者は驚かんぞ。同じやるなら十倍くらいは入れなきゃ！」

大きな声で、私は叫んでいたのである。すっかり忘れていたが、そうらしい。

その後、開かれた委員会で、生産担当役員が困っている。

「十倍も入れると重量にばらつきが出て、消費者クレームが想定されます」

謎肉ファンの中には、毎回個数を数える消費者がいて、多い時と少ない時をその都度報告してくる。だから、パッケージの表示は「たっぷり」で行きたい、というのである。

「だったら、誰が十倍も入れろと言ったんだ」

私が言うと、全員静まり返った。その空気を読むのに三十秒はかかった。女性のマーケティング部長が私に歩み寄り、「ＣＥＯです」と耳打ちした。

「それなら、それなりの計量機を準備しないのが悪い」と切り返したものの、場は固まったままで、会議を打ち切るのに苦労した。

言い訳になるが、日清食品と明星食品合わせて、年間六百二十の新製品を発売している。そのすべての開発経緯を覚えておくことは到底できない。結果的に、「謎肉祭」は謎肉十倍の計量をクリアーした。パッケージにも堂々と「謎肉10倍」のクレジットが付いた。初回生産分が三日で売り切れ、一か月後に再発売された。私のツルの一声にも、それなりの効果があったと言える。

ダイスミンチとは何なのか。発売以来四十五年間、原材料の分からない謎の具材が、カップヌードルのブランド・アイデンティティを構成する大切な要素だったとは、私にとっても驚きである。カリカリ固いところと、柔らかい肉質が異常に美味い！　それがファンを魅了した理由である。今さらながら、これを設計した創業者の威力を見せつけられた思いである。もの作りのメーカーには、このような謎を秘めた設計図（製造基準書）が存在して、延々と継承されていくのである。

アクティブ・シニアの攻略が今後の課題。

若者や女性の次世代ユーザーを獲得するWEB戦略は順調に進行した。次はいよいよ、昔からカップヌードルを食べ続けてきたロイヤルユーザー・シニア層へのリテンション（顧客維持）戦略だった。

日本の六十歳以上のシニア人口は四千万人を超えた。総人口の三分の一を占める。シニア市場の金額規模は、二〇一二年で百兆円に到達した（ニッセイ基礎研究所）。その後毎年一兆円ずつ増加し、今では国内家計消費の五割近くを占める。消費意欲は旺盛で、平均貯蓄額も全体の六割を超え（内閣府）、他の世代を圧倒している。この巨大市場にどう食い込んでいくか。マーケティング担当部門も相当悩んだようである。そのシニア世代の意識分析から商品開発に至るプロセスが面白い。

イマドキシニアは、シニアと思ってはいけない。昔のお年寄りとは違う。ほとんどの人が人生を前向きに楽しむ「アクティブ・シニア」である。そんな想定から始まった。ビッグデータなどを駆使して分析するうちに、必ずしもそうではない、「イマドキシニアは生き方が多種多様で、これまでのシニアマーケティングでは通用しません」ということになった。

「アラダン（アラウンド団塊世代）」の多様な生活意識を分類したデータの説明を受けた。以下の通りである（アサツー ディ・ケイ　アラ☆ダン研究所® ２０１４年調べ）。

男性の場合。

①エネルギッシュシニア　現役志向が強く流行好き。（二三％）
②趣味人シニア　悠々自適でセンスに自信。（一五％）
③日本のお父さん　マジョリティを形成するフォロワー（追従者）。（三八％）
④清貧シニア　貧しくとも生き方にこだわる。（一七％）
⑤世捨てシニア　現状に安住し、開き直る。（八％）

いろいろなシニアがいて、一筋縄ではいかないということである。アラダンについて細かい説明をしようとするので、「自分のことだから、分かっている」と答えた。私は昭和二十二年生まれの団塊トップ世代である。同世代の生活意識は言われなくても分かる。人生経験は豊富で、苦労を重ねてきた分、深い洞察力がある。おいしいものをたくさん食べてきたので、少々のことでは驚かない。頭が固くなって、年々強情になっている。テレビを見ながらぶつぶつと怒ることが多い。そういう世代なのである。担当者には、「シニアを攻略するのは大変だぞ」とだけ言っておいた。

女性シニアの生活意識も分析した。そうして、今回のターゲットを、男性は「エネルギッシュシニア」、女性は「肉食系アラカン（アラウンド還暦）」に決めた。男女ともに最もアクティブなシニア層を選んだということである。

両者の共通項は、

①生物学的年齢と気持ちの年齢に大きなギャップを抱えている。

②人生先が見えてきたから、やりたいことをやろうという「欲望消費」が強い。心理学者コーエンによると、これを「インナープッシュ」と呼ぶ。年を取ると自己解放を促す精神エネルギーが働きやすくなるらしい。

③健康志向で節制しているように見えるが、実は〝欲望のままに〟よく食べる。

こういう欲望消費傾向は日本でも進んでいて、健康に気を付けた食事を心がけるシニアは年々減っているのである。

結論は、シニアを特別視しない。気持ちはいつまでも現役で、満たしたい欲望は若い人と変わらない。こうしたインサイト分析を経て、二〇一六年四月、満を持して、「カップヌードルリッチ　贅沢《ぜいたく》だしスッポンスープ味」と「カップヌードルリッチ　贅沢とろみフカヒレスープ味」を発売した（図25）。売価は二百三十円で、レギュラー商品より高価格

アクティブシニア向け「カップヌードル リッチ」 図25

に設定した。コラーゲンを一食当たり一〇〇〇ミリグラム配合した。TVCMは使わない。新聞全国紙、スポーツ紙、『FRIDAY』、男性誌に出稿した。新聞のカラー全面広告で、ビートたけしが、「カップヌードルよりうまいじゃねぇか。バカやろう!」と吠《ほ》えた。『FRIDAY』の広告では、昔、たけし軍団とのいざこざで乱入騒ぎがあったことを匂わせるコピーで、「『FRIDAY』のみなさん、お元気ですか。カップヌードルリッチを食べて、お仕事がんばってください!」とやさしい言葉をかけている。『FRIDAY』の社員の方々はさぞ驚いたことだろう。

この商品はシニアを対象にした、カップヌードル初めてのプレミアム商品である。CMを作らず、活字媒体だけで勝負している。WEBへの特別な仕掛けはない。今後、インターネット上でのシニア世代との接点を探し、共感を生み出し、ブランドと深い絆《きずな》（BOND）で結ばれるようなマーケティング戦略が課題になる。

世界一のソーシャルメディア・マーケッターになれ。

マーケッターとは、商品が売れる仕組みを作る人である。その仕事は非論理なアートの世界に属している。だから、マーケッターはアーティストである。という三段論法が好きだ。わが社には海外事業会社を含めれば二百人を超えるマーケティング・スタッフがいる。そのすべてがアーティストである必要はないが、少なくともマーケティング活動をリードしていくブランド・マネージャーやプロダクト・マネージャーにはアーティストの素養を持っていてほしいと思っている。前作『勝つまでやめない！　勝利の方程式』で、私の求める「ブランド・マネージャーに必要なセンス七か条」を紹介した。

①飽くなき好奇心。
②非常識な発想。
③コンセプト・デザインのセンス。
④先を読む予知能力。

⑤勝つまでやめない情熱。
⑥自己否定する勇気。
⑦肌感覚を持つ。

ところがここに来て、グローバルやＷＥＢという新しい土俵が加わった。七か条の動物的な感性だけでは戦えなくなった。マーケッターに対する期待値ばかりがどんどん大きくなっていく。たとえば、いま私が求めている知識や能力を追加してみると、このようなものになる。

⑧脳科学——味覚の認識、記憶のメカニズムを理解する。
⑨社会心理学、心理学、行動科学を学習し、消費者は商品をなぜ良いと判断するか、好きになるか、購入行動に移る仕組みを解析できる能力。
⑩開発技術、生産技術を理解できる能力。
⑪営業活動の体制、仕組みを知り、経験を積む。
⑫ソーシャルメディアに自ら参戦し、ファンとインタラクティブな人間関係を創造する能力。

とくに、会社の顔としてSNSに登場する場合、寛容さを忘れず、決して傲慢にならず、ユーモアの一振りを武器にする。大原則は「消費者はエライ」ということである。消費者が商品を選択し、すべてを決める。その選択に耐える仕組みをネット上に作るのが仕事だ。必要なのは、「いいね！」を増やそうとして躍起になったり、「何ピクセルの写真がシェアーされやすい」という知識ではない。SNSの目的は人と人の関係性を深めることである。それができるマーケッターは、きっとリアルの生活でもよい人間関係を作れる人だと思う。世界一のソーシャルメディア・マーケッターがそのうちわが社から誕生することを期待する。

人を発明・発見に導くものは「偶発を掴む力」である。

企業が長く生き残るためには、硬直した思考を捨て、時代の変化に柔軟に対応していかなければならない。そうしないと企業は滅びるだろう。とくに大きな企業ほど動きが取れなくなって、恐竜のように倒れてしまう。

ダーウィンは『種の起源』の中で、生物は生存競争の中で自然淘汰《とうた》に耐え、突然変異を起こしたものが生き残るとした。ダーウィンの言う進化は純粋に生物学的な「変化」を意味していて、かならずしも「進歩」を意味しない。価値判断は中立的である。突然変異についても同じである。ダーウィン以後になって、多くの学者が「跳躍説」を提唱し、今までに存在しなかった新しい「種」が、大きな突然変異の結果として出現することを「跳躍的な進化」とした。私の解釈では、突然変異とは遺伝子のミスプリントによって起こるものであり、結果的に環境に適応できたものを進化と呼ぶ。間違っているだろうか。

企業も同じだと思っている。環境の変化に適応して生き残るためには、突然変異を起こさなければならない。それも一度ではなく、できれば二度、三度と繰り返せば理想的である。企業にとって突然変異とは「発明・発見」のことである。一つのイノベーションによって企業が劇的に変わることがある。そんな「跳躍的なイノベーション」が必要なのである。それは技術的イノベーションであっても、マーケティング・イノベーションであってもいい。論理の積み重ねではない。世の中の常識や次元を超えた独創から革新が起こり、それによって企業は急成長と莫大《ばくだい》な利益を手に入れる。

素敵な偶然に出会ったり、予想外のものを発見すること、また、何かを探しているときに、探しているものとは別の価値があるものを偶然見つけることを「セレンディピティ（Serendipity）」という。過去の偉大な発明や発見にはこの偶発性によるものが多い。いままで誰にも見えなかったものが見えてしまう現象は「偉大なる偶発」と言うしかない。そこには人知を超えた何者かが介在していて、一人の錯覚が世の中を変えてしまう力を持つのである。そして、偶発的に起きた事象を摑み取り、それを事業化して成功した人を、われわれは偉人と呼ぶ。安藤百福もそうだった。

日清食品は安藤百福が発明したチキンラーメンという一粒の種によって創業されてから、すでに五十八年がたった。企業の歴史が古くなると、組織内に非効率な部分が増えてくる。組織はできた瞬間から保身的になり、陳腐化していく。すべての社員が正しいと信じている企業内常識は、実は世の中に通用しない悪習になっている可能性がある。われわれの持っている価値観や倫理観も世の中のモラルとかけ離れてしまっているかもしれない。もし、会社が同じところに立ち止まっているなら、退化しているということである。組織のあり方から社風に至るまで、もう一度、すべてを見直すつもりでいる。絶えず変化する経済環境に適応し、持続的成長と進化を成し遂げるために、偶発を摑まえる能力を高め、事業化できる企業体質を作りたい。

第十六章　グローバル人材の育成。

汽車は動かず、プラットフォームが動く。

日清食品がホールディングス制を導入したのは二〇〇八年である。それまで社長は私一人だった。現在、傘下企業の二十五社にそれぞれ社長が生まれて、私を含めると合計二十六人の社長が働いている。本来、持ち株会社はホールディングスのCEOが一番上のポジションにいて全体をマネジメントし、その下に事業会社の社長が並んで、ホールディングスの収益に貢献するという体制が普通だ。グループの統治という意味ではそれでいいのかもしれない。しかしわが社は逆である。国内、海外の最前線で働く事業会社を「プロフィット・センター（収益部門）」として最上位のポジションに置く。その下に、ホールディングスの役員、執行役員（チーフオフィサー）が並んで、プラットフォームを形成する。プラットフォームの仕事は、子会社を管理・監督することではない。専門的知識を持つチーフオフィサーがそれぞれの技術や情報や経営ノウハウを事業会社に提供して、課題解決（ソリューション）に導く後方支援部隊、すなわち「サポート部門」と規定している。CEOとしての私の仕事は、一番下から全体を見ながら、プラットフォームのサポートがうまく機能しているかを「監視」することである。こういうグローバル・フォーメーション（陣形）を敷いている（図26）。

図26

日清食品グループのグローバル・フォーメーション
12のプラットフォームが世界25の事業会社をサポートする

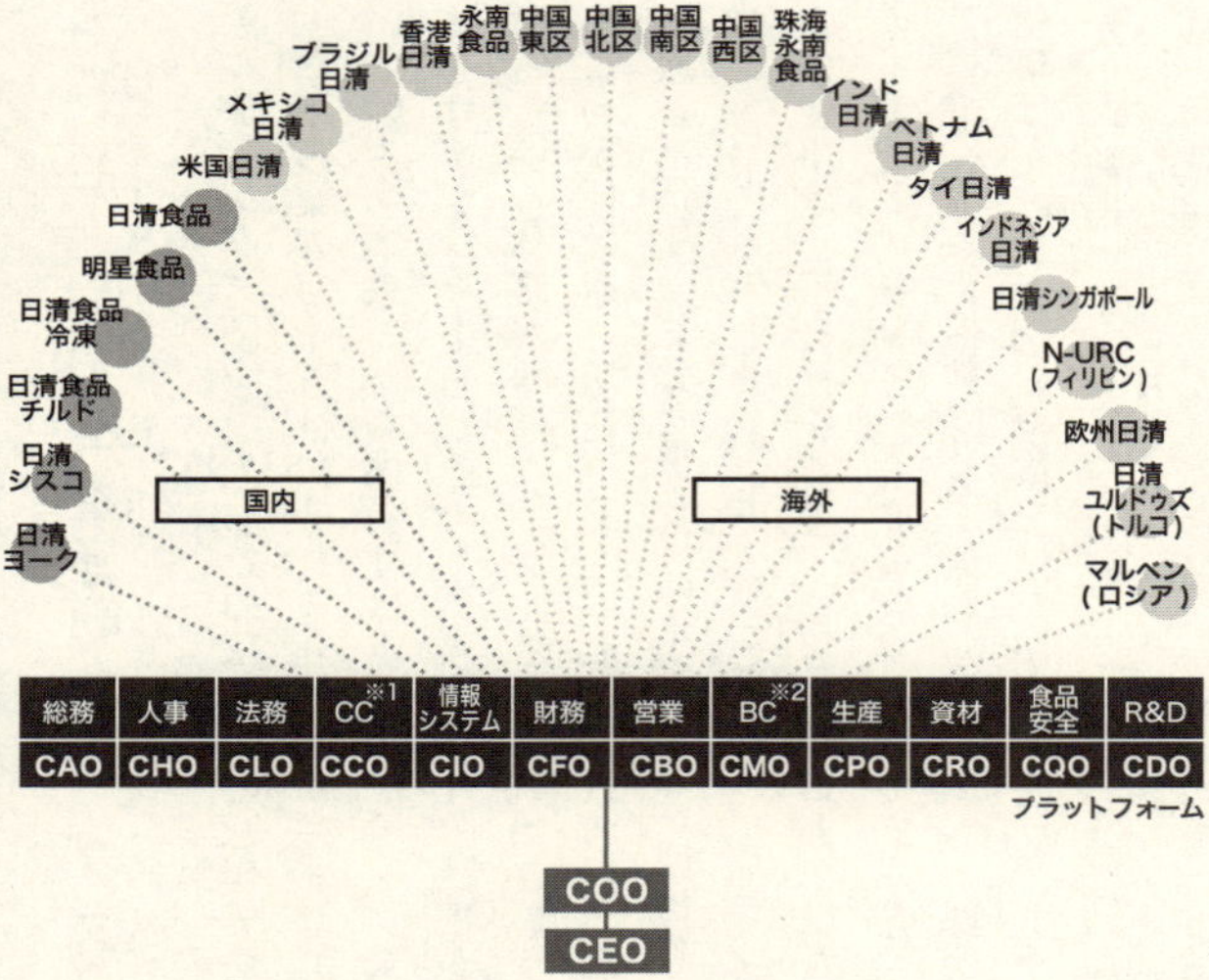

NISSIN
日清食品ホールディングス株式会社

※1コーポレートコミュニケーション
※2ブランドコミュニケーション

アメリカンフットボールに喩えると、「ショットガン・フォーメーション」になる。通常、クオーター・バックはセンターのすぐ後ろにいて、股の間からボールを受け取り、敵のフィールドに走りこんでいるレシーバーにロングパスを投げる。決まるとタッチダウンのチャンスが広がるが、敵にインターセプトされる危険性もある。一方、ショットガン攻撃は、クオーター・バックがセンターの七～八ヤード後方に立ち、ボールを受け取ると素早くレシーバーに短いパスを投げる。これを繰り返すことで、的確に敵陣に攻め込むことができる。米国ＮＦＬ（ナショナルフットボールリーグ）の４９ｅｒｓ《フォーティーナイナーズ》が開発して一世を風《ふう》靡《び》した陣形である。レシーバーが一斉に扇形に広がる様子が散弾銃の弾に似ているのでショットガンの名がついた。

わが社のグローバル・フォーメーションもこれにあやかっている。オフェンス（攻撃ライン）にいるレシーバー（事業会社の社長）にいかに効果的な球を投げるかがプラットフォームの役割であり、それをマネジメントするのが私の仕事である。

現在、わが社のプラットフォームには十二人のチーフオフィサーがいる。営業本部長ＣＢＯ（チーフビジネスオフィサー）、生産本部長ＣＰＯ（チーフプロダクトオフィサー）など、名前を聞くとエライ人たちばかりだが、私はいつも、「プラットフォームは少しもエラクない。報告に来いと呼びつけるな。自ら出向いて様子を聞いてこい。相談がないから協力のしようがないなど問題外だ」と言っている。海外の現地法人に行き、社長や駐在員と面談して、抱えている問題点をヒヤリングする。工場や市場を視察して、解決策をアドバイスする。いわばサービスに徹することを最重要任務としている。汽車（事業会社）が動くのではなくて、プラットフォームが動く。それがわが社のグローバル・マネジメント・システムの特徴である。

プラットフォームには専門業務の内容によって、人気のある人とそうでない人がいる。CMO（チーフマーケティングオフィサー）は来てくれと引っ張りだこである。マーケティング戦略は販売促進への即効性が高いので、ホールディングスの宣伝素材やノウハウを欲しがる事業会社が多いからである。プラットフォーム一人一人の〝サービス活動〟の評価をするのは私の仕事である。人気のあるなしでは評価しない。何回現地に足を運び、どんなプレゼンテーションをして、どんな成果を上げたかを確認している。航空運賃やホテルの宿泊費用までチェックすることもある。ゴールデンウイークに出張したりすると、「皆が遊んでいる時に働いている」と格好をつけたり、「普段忙しくてそこしか休めない」ともっともらしい理由がつく。休日出勤でご苦労さまと、一応は慰労するが、すぐ旅費の高い時に行くのはもったいない、無駄遣いするなと文句を言う。休む時は休んで、業務時間の生産性を上げてほしいだけなのだが、さぞ嫌われていることと思う。私は嫌われるのも仕事の内と思っているので、一向に構わない。一番大切なことは、プラットフォームが同じ価値観を共有し、一枚岩として機能することである。それができなければ、プロフィット・センター（＝攻撃ライン）が混乱してばらばらに走り出し、経営目標の実現（＝タッチダウン）もおぼつかなくなるだろう。

グローバル・エグゼクティブ人材は二百人。

世界で闘えるグローバル人材が足りない。海外現地法人のトップには、現地人を登用するか、子飼いの社員を送り込むかいずれかである。優秀な経営能力があれば、別にどちらでもいいのだが、それぞれ一長一短がある。

最近、米国日清とインド日清に現地人を採用した。立派なキャリアの持ち主で、経営のプロフェッショナルである。日本人とは感覚が大分違う。この人たちのすばらしいところは、私の意見に「Ｎｏ！」と言えるところである。

「何ともならない」とはっきり言う。「戦略変更が必要で、リスクが伴う。うまくいけば利益はいくら、失敗すれば損失はいくら、やるなら半年後に感触を見て倍増の投資をすべき」と心強い。私も納得して経過を見守ることになる。

一方、海外の社長の大半は、子飼いの社員が育って社長に抜擢《ばってき》された人たちである。日本の圧倒的に高い技術水準で育っているので、テクノロジー・マネジメントはできる。しかし、総合的なトップマネジメントはできない。日本独特のタテ型社会で働いてきたため、習熟した分野はせいぜい二つか三つである。知的領域で深さはあるが、広さがない。私の意見になんでも「Ｙｅｓ！」と答える人は信用できない。「利益を上げてくれ」というと「分かりました」と答える。後は根性でやろうとするが、たいてい何ともならないのである。外国人ＣＥＯの戦略的マネジメント・スタイルから大いに学ぶべきところである。次世代リーダーを社内で育て、どのようにモチベートしていくか、今、一生懸命、取り組んでいる。

ＧＥのトップが将来のエグゼクティブ候補として持っているリストには二百人の社員の名前が書かれているそうである。私は、現在百名を特定しているが、これを二百名に増やしたいと思っている。自分の目で確認しながら、社員の成長をトレースできるのは二百人が限度だと思っている。昔は毎年、三百人の管理職の年俸を決める面接を一人でやっていたことがある。幹部社員の経営資質がどの程度上がったか定点観測するいい機会だったが、今は根気がなくなって、約百人に減らした。しかし将来のグローバル経営人材は人事部からデータをもらいながら、二百人の顔と特徴くらいは頭に入れておきたいと思っている。

わが社では、将来、世界で活躍できる経営人材のことを「グローバル・ＳＡＭＵＲＡＩ」と呼んでいる。すでに百人は特定しているので、残りの百人は三つの方法で新たに選別し育成することになる。

①優秀な新卒学生の中からピックアップする。
②社員教育でB人材をAクラスに昇格させる。
③外部から中途採用する。

急いでやらないと、持ち時間はあまりない。

世界で闘う「錦織圭モデル」のSAMURAIを育てたい。

リオデジャネイロ・オリンピック2016で日清食品所属のテニス選手錦織圭が、九十六年ぶりというメダルを獲得した。NISSINのロゴをウエアにつけないで、日の丸をつけて闘った唯一の大会だったが、見事な銅メダルで誇らしかった。彼をサポートするスポーツ・マーケティングのキャッチフレーズは「HUNGRY to WIN（世界に、食ってかかれ）」である。これがそのまま、わが社の次世代リーダー育成戦略のキーワードになっている。錦織選手のように世界で闘うグローバル・SAMURAIになろうと呼びかけている（図27）。

人材育成のプログラムは入社後の年代に応じて細かく体系化され、原則として自分の意思でハンズアップ（挙手）して参加する。やる気のある社員には願ってもない制度だろう。

グローバル人材は錦織圭選手がモデル　図27

入社三年〜五年目の若手社員を対象にした「海外トレーニー制度」というのがある。海外現地法人で一年間働く機会を与えられる。海外体験はできるだけ若いうちにするのがいい。必ず異文化の壁にぶつかる。迫力、気力だけでは通用しない世界である。自分に何の能力もないことが分かって、挫折して帰ってくる。職場に戻って改めて自分を見つめ直し、もう一度行くと、今度は大きく成長する。

「マーケティング・宣伝トレーニー制度」というのがある。わが社は入社して十年間に三部署を経験するＯＪＴ（On-the-Job Training）を実施しているが、それ以外に、メーカーにとって重要なマーケティング業務に半年間、宣伝業務に半年間の計一年間のトレーニーを受けることができる。ブランド・マネジメントの基本を学ぶ貴重なストレッチ体験の機会になっている。

二〇一五年に、企業内大学「グローバルＳＡＭＵＲＡＩアカデミー」を創設した（図28）。世界で活躍できる理想の人物像を「骨太で負けず嫌いなグローバルＳＡＭＵＲＡＩ」と規定し、そういう経営人材を選抜し育成するプログラムである。

五段階のコースに分かれている。

①**「若武者編」**＝若手、中堅選抜人材。二十八〜三十五歳。

ビジネススクールに通い、主にクリティカル・シンキングと呼ばれる批判的思考法

グローバルSAMURAIアカデミー概要

図28

「負けず嫌いな骨太人材」を選抜し、自ら学び成長していく、そして、後進を育て引っ張っていく次世代グローバル経営人材として育成する。

エグゼクティブ編

対象

・役員

概要

・1on1 コーチング
・メディアトレーニング
・クライシストレーニング
・外見力トレーニング

骨太経営者編

対象

・次期幹部人材（次長・部長）

概要

・リーダーシップ
・360度サーベイ
・1on1 コーチング
・プレゼンテーション
・メディア対応
・外見力トレーニング
・リベラルアーツ
・ビジネススクール通学

侍編

対象

・ミドル基幹人材（係長・課長）

概要

・リーダーシップ
・360度サーベイ
・1on1 コーチング
・個人特性理解
・プロジェクトマネジメント
・戦略的思考力
・ビジネススクール通学
・キャリア面談

若武者編

対象

・若手～中堅選抜人材（6年目～主任）

概要

・リーダーシップ
・360度サーベイ
・個人特性理解
・語学力強化
・ビジネススクール通学
・キャリア面談

カタリスト編

対象

・次期管理職候補人材（女性主任・係長）

概要

・女性リーダーシップ
・360度サーベイ
・1on1 コーチング
・個人特性理解
・戦略的思考力
・外見力トレーニング
・ビジネススクール通学
・社外女性リーダー講演
・キャリア面談

や会計を学ぶ。自己学習として、課題図書と推薦図書がどさっと二十冊渡される。ほかにリーダーシップ・アセスメントと英語、中国語などの語学学習がある。十か月の研修が終わると修了式があり、そこで「グローバルSAMURAI決意表明」を述べて終了する。

②「カタリスト編」＝女性管理職候補。

カタリストとは、化学用語の「触媒」のことで、職場で周りの人に刺激を与えて、活性化させる能力を持った人のことである。リーダーシップ研修、自分自身の価値を高めるセルフ・ブランディング、ビジネススクール通学などが課せられる。

③「侍編」＝三十五～四十五歳、ミドル基幹人材。

いよいよ海外への赴任に当たり、実際に働く環境や話せる英語など必要なスキルを認識、習得する期間である。異文化理解のため、まず上海で現地の大学生とディベートをする。シンガポールの現地法人を訪問し、市場や駐在員の居宅を見聞する。英語の模擬面談を受けてマネジメントスキルと経営能力をチェックされる。終了式では自分のキャリアプランを英語でスピーチして、海外赴任に旅立つ。一人前のSAMURAIとして世界の戦場へ出陣となる。

④「骨太経営者編」＝次期幹部人材。

経営者としての人間の幅を広げるため、一般教養、社外ネットワークを強化する。

ビジネススクール通学。コーチングとメディア対応、DiSC（行動特性）のトレーニング。見かけを良く見せる外見力トレーニング。リベラルアーツ研修。たとえば、ヨーロッパやイスラム、中国の歴史の変遷から国民性の違いを学ぶ。異業種交流に参加する、終了式でキャリアプランをスピーチする。これを六か月間で、やり遂げなければならない。なかなか大変である。

⑤「エグゼクティブ編」＝役員。

コーチング、メディア対応、危機管理トレーニング、外見力トレーニング。自由な時間と場所で学習できるPCによる「e-learning」などで、経営者としての資質を磨く。

人材育成のプログラムとして、至れり尽くせりで非の打ちどころがないように見える。こういう制度を組み上げた人事担当部門の努力を大いに評価する。しかし、いちいちここまで教え込まないといけないのかと思う。もう最近の人は、自ら学ぶことを知らないのか。まして先輩の背中を見て学ぶという職人的な伝承世界はあり得ないのか。そう思うと寂しくて仕方がない。人物評価や業績考課まで何でもシステム化して制度で動かそうとすることが、私の性に合わない。

私の人物評価のやり方は、定量的な業績考課が半分、経営者の資質が向上したかどうかを見ることが半分である。どのような性格の人か、今までどんなことをやってきたか、いい仕事をしているかどうかは顔を見れば分かる。仕事はやる気のある人、アカウンタビリティ（責任感）のある人にやらせるのが一番いいと思っている。放っておいても仕事はできる人のところに集中するものである。人事担当者にそう言うと、「それがＣＥＯの独断です」と反論される。「客観的で、公正な評価のために、こういう制度が必要なんです」と。

最近、社員の意識調査があった。会社のイメージをアンケートで聞くと、いまの社風や人事制度に不満を持つ社員が相当いた。「一時期に業務が集中する」「仕事を平準化してほしい」と事業の構造問題からくる不満が多い。わがままである。また、「出る杭《くい》は打たれる」「独断的」とトップの姿勢に言及する人もいる。私に言わせれば、そういう不満分子はいつでも、どこにでも存在する。担当者はこういう不満を解消して、働きやすい環境を作り、人材の安定的な確保と経営効率アップを図りたい。そのために社風を改革したいというのである。

「日清一・〇」は、国内リーディングカンパニーとして成長を維持するために、トップダウンの強いリーダーシップが必要だった時代。

「日清二・〇」は、今後、グローバルに成長するために、ＣＥＯのトップダウンだけでは十分ではない。多様な人材が活躍して成長を引っ張らなければならない時代。

つまり、日清一・〇から日清二・〇へシフトすることが必要という計画を立ち上げたのである。

だいたい、社風というものはトップが作り上げているものである。社風を変えるためには、私が変わらなければいけない。日清二・〇は、わが社が世界企業に成長するために必要な手法なのだろう。ガバナンスとしてはその通りである。これもまた、私に迫られた「CEOの覚悟」として受け止めている。

変人とカタリストがダイバーシティを進める。

二〇一六年を「ダイバーシティ元年」として、社内に「ダイバーシティ委員会」を立ち上げた。キービジュアルは電球である(図29)。イノベーションのひらめきを意味している。中のフィラメントは社員の手である。物作りの手であり、みんなで手を挙げてアイデアを出し合うことを表現している。一般的にダイバーシティは多様性と訳され、「地球環境を保全するための必須の条件として、生物の種を維持して減らさないこと」の意味だが、これが企業のガバナンスに応用されて、女性、シニア、外国人、障害者、中途採用者など、多様な人材が働きやすい環境をつくることで生産性を高めるという意味になった。正確には「ダイバーシティ・マネジメント」というべきだろう。

日清食品グループのダイバーシティ理念　図29

NISSIN DIVERSITY
私たちは、様々な個性、価値観、働き方を尊重する。
自由な発想で全人類の胃袋とココロを満たせ!
世界を沸かす新しい食の発明にとことんHungryで行こう。

アベノミクスの成長戦略の中心に組み込まれ、ダイバーシティの重要課題として「女性活躍社会」が掲げられた。いい方針だと思う。日本は移民、難民を受け入れたり、外国人が国籍を取得することが難しい国である。そうなると、有効な人材として女性、高齢者、ハンディーキャップのある人などを活用することが重要な政策になってくる。第二次安倍改造内閣で女性活躍担当大臣が誕生した時は、そのネーミングのセンスの悪さもあって、ちょっと驚いたが、二〇一五年八月に「女性活躍推進法」が可決され、企業に対し、「二〇二〇年に女性管理職の割合を三〇%にするように」という数値目標を迫ってきた時には、さすがに安倍総理の本気度が伝わってきた。また、東京証券取引所の「コーポレートガバナンス・コード」にも、企業の持続的成長と企業価値の向上のために、「女性の活躍促進を含む社内の多様性の確保」を原則とするように定められたのである。

「ダイバーシティ、徹底してやりましょう！」

朝礼で全社員にそう呼びかけた。

「法律が変わったとか、ほかの企業がどうのこうのではない。企業が効率を上げるために純粋化すると、外的環境の変化に適応できなくなる。多様性のある、柔軟な企業体質が必要だ」

これがもともと私の持論である。

多様性を、性別、外国人、高齢者、障害を持った人など、見た目や属性だけで判断することはあまり意味がないと思う。大切なのは、異質な人生体験から生まれた個としての価値観の違いである。その多様な価値観がぶつかるところから、イノベーティブな発想が生まれてくる。見た目だけなら、おっさんとおばさんは明らかに違う。しかし最近は性格的に、「おっさん化した女性」や、「おばさん化した男性」がたくさんいる。おっさんと、おっさん化した女性が会議しても、それはただのおっさんの単一集団である。卑近な例で申し訳ない。

組織を多様化するために、私は二十年以上前から、変人制度を敷いている。新卒学生の面接で「変人＝異質な個」を積極的に採用するようにしている。変人とは、一般的な常識の世界にはいない。特殊なコトやモノにこだわり、深く掘る人たちである。困難な課題

日清食品グループのダイバーシティ・マネジメント　図30

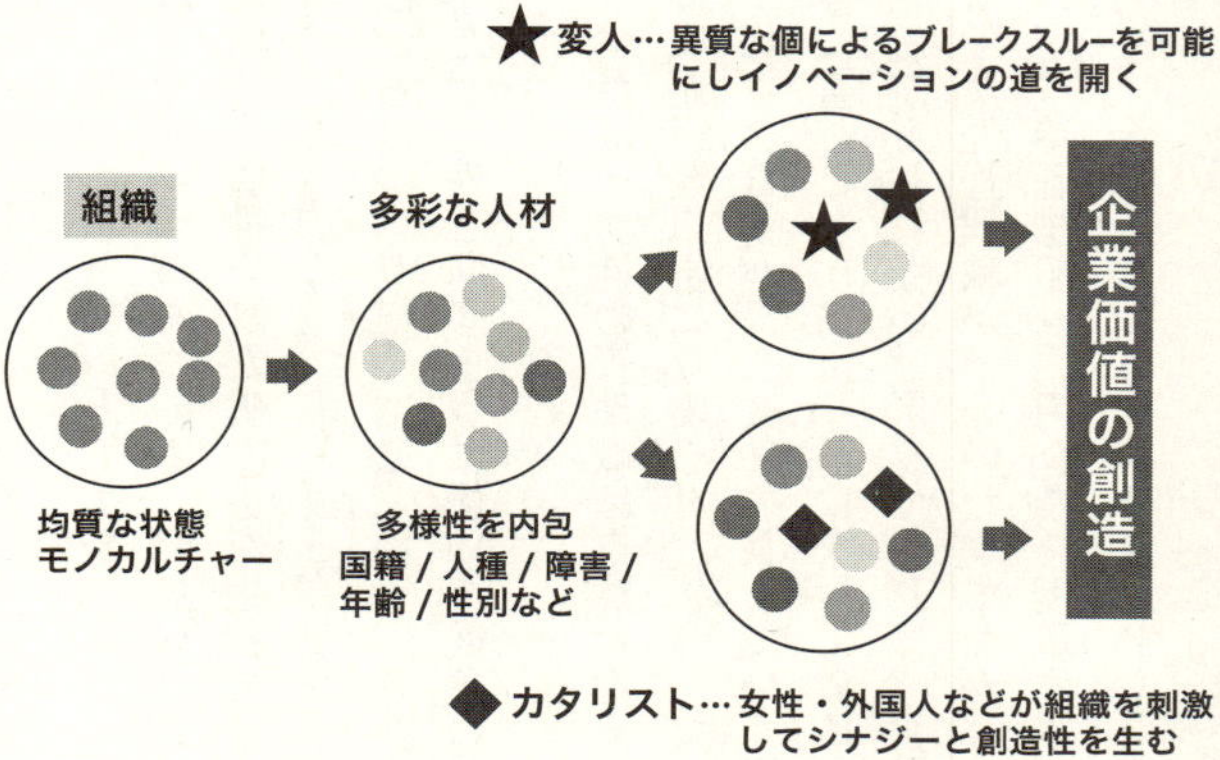

をブレークスルーし、イノベーションを起こす可能性を秘めている。わが社にはそういう成功事例がたくさんある。ただし本人は自分を変人とは思っていないので、どれを変人の仕事と特定することには問題がある。変人比率はイノベーションを要求される開発・マーケティング部門では三割、全社的には二割がいい。それ以上増えると経営効率が悪くなる。変人は企業組織にはなじまず、はじき出されていくのが普通である。そうならないように、彼らを守るのが私の仕事である。

わが社が進めているダイバーシティ・マネジメントの特徴は、変人が異質な個として力を発揮し、女性を中心にした多様な人材が組織のカタリストとして刺激しあい、クリエイティブな企業風土を作り上げていくことである（図30）。

目下、最初の取り組みとしてジェンダー・ダイバーシティから始めたところである。女性が働きやすい環境をつくる。緊急の課題は、女性が結婚して子供を産むなどの重要な人生の局面で、女性自身が働き方を選択できる仕組みを整えること。もう一つは女性管理職の登用である。「ダイバーシティ委員会」の女性委員長から、女性社員の採用時にはトップの口からはっきり伝えてほしいと、きつく言われていることがある。「あなたが男性と同じように働いて競争に勝ち、将来、会社経営に貢献してくれることを期待している」と。

そうすれば、女性の管理職は自然と増えていき、二〇二〇年に、日清食品は「普通に女性管理職が三割以上になる会社」になっていると断言するのである。

いずれ、グローバル企業に成長していく過程では、キャリアや国籍の異なる社員が増え、多様性に富むことが当たり前になっているだろう。ダイバーシティという言葉すらなくなっているかもしれない。考えてみれば、食品メーカーであるわが社のお客様は半分が女性である。女性管理職が半分いたっておかしくない。そこまで行くには時間がかかるかもしれないが、時価総額一兆円企業を実現するプロセスでは、必ずそうした新たな変革が起きるだろう。今はそのマイルストーンにいるのだと思っている。

あとがき

有言実行、経営者の評価はこれしかない。たとえ迷っても、分からないことでも、トップは決断しないといけない。決断したことは世の中にはっきりとコミットメントする。そして、約束を守れなかったら、責任を取る。経営とは至ってシンプルである。

本書を通じて、いろいろな私自身の覚悟を語ったが、言いたかったのはただ一つ、「私は責任を取ります」ということである。具体的に申し上げると、「二〇二〇年に時価総額一兆円企業になる」という誓約が実現できなければ、CEO退任を辞さぬ覚悟でいる。付け加えて、差し出がましいが、「日本企業の経営者にも、そうした覚悟を持って欲しい」と思っている。

何もそこまでという人もあろう。不正や不祥事で身を引いた経営者は数知れないが、経営計画を達成できなくて退任した人を私は知らない。それでは、企業の夢を買って投資してくれた株主や経営を支えてくれたステークホルダーに対して無責任ではないだろうか。

不正を行ってなお、トップの座に居座ることは論外である。また、経営環境が良くて、偶然に好業績が達成できることがある。そんな時、身の幸運に感謝することはあっても、いかにも「努力しました」という顔をされると唖然とする。

私は関西人なので、どうしても本音でモノを言ってしまう。よく言うと正直である。悪く言うと、他人に対する心遣いが足りないということになる。一見、人の多様性を評価するダイバーシティの時代にはふさわしくないように思えるがそうではない。今ほど、一人一人が自分の思いを正直に語ることが必要な時代はないと思う。経営も同じである。

私は昔から、正直な経営を目指している。言うべきでないような内部事情をどんどん世の中に公表して、いらぬ波風を立ててきた。「よく言ってくれた」と賛同する方も多かったが、不愉快な思いをした方も同じくらい多かったと思う。なぜそこまで言うのかと聞かれたら、「隠していたら分からないからです」と答えている。内部事情を外部にさらけ出すと、日清食品はそういう会社だと、初めて理解していただける。本書の中にも、身勝手な本音や社内事情が多く、至らぬところがあると思う。どうかお許しいただきたい。

二〇一六年十一月　晩秋

安藤宏基

孫に学ぶ――文庫化によせて

「CEOの覚悟」の単行本を出版した後、たくさんの人からご感想を頂いた。

株主総会では、質問に立った個人株主から、「時価総額一兆円企業になるという覚悟を聞いてうれしい。大いに期待しています」という激励の言葉を受けた。私は、「二〇二〇年度のぎりぎりで達成するか、余裕を持って、それ以前に達成できるかは今後の頑張りにかかっている。精いっぱい努力します」とお答えした。会場から拍手がわいて、総会というより、まるで決起集会のような雰囲気になった。

一方で、「あそこまで言って、大丈夫ですか?」「未達であっても、別に辞めなくてもいいじゃないですか?」と親身になって心配して下さる方も多かった。私自身は、目標達成のために取り組むべき戦略をつぶさにご説明して、達成できなかった時の経営者としての当然の責任の取り方を申し上げたつもりだったが、それだけでは十分ではなかったようである。親しい人々の心配の種は、どうやら、「こんなに世界中の政治・経済が大混乱しているときに、五年後の経営計画の責任を取ることなど誰にもできないのではないか?」というところにあるらしかった。

しかし、私には当時も今も、変わらぬ自信がある。

その自信の根拠とは。

一、インスタントラーメンは、景気や為替の変動に左右されない。

二、グローバル市場では、カップめんを中心に、今こそ成長期に入ったところである。

三、自然災害、内戦や動乱による食料危機、地政学リスクなど、インスタントラーメンは、本来、あらゆる有事に強い事業構造を持っている。

この三つである。

私には二人の息子に六人の孫がいる。孫たちは幼児の頃からスマホをいじっていて、小学生になれば、もういっぱしのゲーマーである。目にもとまらぬ速さで指をスワイプさせて遊んでいる。最近の小学生は、将来何になりたいかと聞かれると、プロのゲーマーやユーチューバーなどと答える子がいるらしい。私たちの子どもの頃、将来の夢はたいてい野球選手や電車の運転手だった。時代が変わったのである。

プロのゲーマーはイー・スポーツと呼ばれる対戦型格闘ゲームの「ストリート・ファイター」などの大会に出場して賞金を稼ぐ。世界には年収一億円を超えるプレーヤーが何人もいる。ユーチューバーとは、インターネットのYouTubeに動画を投稿し、視聴回数に応じて広告収入を手に入れる人たちである。こちらは日本人でも年間一千万円以上稼ぐ人がいる。日本の家庭用ゲーム機の所有者は五千万人を超え、スマホでゲームをする人を含めれば、日本人の約七割がゲーマーだとする説もある。

私の感覚では、世界の若者はゲームでつながっている。こういう現実を認められないシニアは孤立していくしかない。若者たちの動体視力、反射神経、画面全体を一瞬に把握してしまう能力などは、シニアではとうていまねができない。私が格闘ゲームをすると目の前の敵に集中するのが精いっぱいで、あっという間に撃沈される。孫に大笑いされるのが落ちである。

その違いは何か。文字文化で育ったわれわれは、事業戦略のコンセプトを述べよと言われたら、重要度に応じて序列化し、順番に書く習慣が身についている。VR（仮想現実）やAR（拡張現実）で育った今どきの若者は、平面的、立体的に描くので理解に苦しむのである。最近、私の価値観は古くなったと思う。自分たちが築いてきたルールを大切にするあまり、現在価値を見失っている。シニアは威張ってはいけない。現在はすでに一つの過去に過ぎず、今こそ、未来から現在を見るという謙虚な視線が必要だと思っている。

WEBマーケティングについては本著で十分述べてきたが、ここに来てゲーマーにこだわる理由は、彼らこそがカップヌードルの最重要ターゲットであり、商品との親和性が高いと考えているからである。ゲーマーの笑いが分からないようでは、仕事にならない。分からないなりに若者の発想を理解する。それが思考回路の拡張につながって楽しい。カップヌードルの世界戦略を成功させるために、私にとって必要なことは、実は「孫に学ぶ」ことなのである。

二〇一七年十一月　霜秋

安藤宏基

『日本企業　CEOの覚悟』
二〇一六年十一月　中央公論新社刊

本文DTP／今井明子

中公文庫

日本企業《にほんきぎょう》　ＣＥＯの覚悟《かくご》

2017年11月25日　初版発行
2023年11月５日　３刷発行

著　者　安藤《あんどう》 宏基《こうき》

発行者　安 部 順 一

発行所　中央公論新社
〒100-8152　東京都千代田区大手町1-7-1
電話　販売 03-5299-1730　編集 03-5299-1890
URL https://www.chuko.co.jp/

印　刷　大日本印刷
製　本　大日本印刷

Published by CHUOKORON-SHINSHA, INC.
Printed in Japan　ISBN978-4-12-206487-4 C1134

転んでもただでは起きるな！

――定本・安藤百福

安藤百福発明記念館 編

中公文庫既刊より

安藤百福の発明したチキンラーメンを創始とするインスタントラーメンは、わずか半世紀の間に世界で年間一千億食も食べられる地球食に成長した。この食文化の奇跡を起こした伝説的実業家とはどんな人間だったのか。世界中でミスターヌードルと呼ばれて尊敬される発明家の奇想天外な人生、常識を超えた発想の数々を集大成。

あ-76-1
ISBN978-4-12-205869-9

カップヌードルをぶっつぶせ！

――創業者を激怒させた二代目社長のマーケティング流儀

安藤宏基 著

中公文庫既刊より

創業者は異能、二代目は凡能。だからこそ、二代目にしか語れないことがある――「打倒カップヌードル」を唱えた日清食品の二代目社長が、創業者にしてカップヌードルの発明者である、父・安藤百福との確執や、新製品の開発にはずみをつけるための社内改革、独自のマーケティング戦略などについて綴った、自伝的経営哲学書。

あ-68-1
ISBN978-4-12-205398-4

勝つまでやめない！勝利の方程式

安藤宏基 著

中公文庫既刊より

「カップヌードルをぶっつぶせ！」をスローガンに、徹底した自己否定のマーケティングで社内改革をつらぬいた筆者が、社長業三十年の苦闘の後にたどり着いた経営観を語る。試行錯誤の末に編み出した「安く作って安く売って儲ける」ビジネスモデルとは。「マーケティングはアートである」と喝破した上で、ブランド・マネージャーに必要なセンス七か条を説く。

あ-68-2
ISBN978-4-12-206122-4